Melanie Liesenfeld

Identifizierung + Charakterisierung von Seneszenzgenen

Melanie Liesenfeld

Identifizierung + Charakterisierung von Seneszenzgenen

Südwestdeutscher Verlag für Hochschulschriften

Impressum / Imprint
Bibliografische Information der Deutschen Nationalbibliothek: Die Deutsche Nationalbibliothek verzeichnet diese Publikation in der Deutschen Nationalbibliografie; detaillierte bibliografische Daten sind im Internet über http://dnb.d-nb.de abrufbar.
Alle in diesem Buch genannten Marken und Produktnamen unterliegen warenzeichen-, marken- oder patentrechtlichem Schutz bzw. sind Warenzeichen oder eingetragene Warenzeichen der jeweiligen Inhaber. Die Wiedergabe von Marken, Produktnamen, Gebrauchsnamen, Handelsnamen, Warenbezeichnungen u.s.w. in diesem Werk berechtigt auch ohne besondere Kennzeichnung nicht zu der Annahme, dass solche Namen im Sinne der Warenzeichen- und Markenschutzgesetzgebung als frei zu betrachten wären und daher von jedermann benutzt werden dürften.

Bibliographic information published by the Deutsche Nationalbibliothek: The Deutsche Nationalbibliothek lists this publication in the Deutsche Nationalbibliografie; detailed bibliographic data are available in the Internet at http://dnb.d-nb.de.
Any brand names and product names mentioned in this book are subject to trademark, brand or patent protection and are trademarks or registered trademarks of their respective holders. The use of brand names, product names, common names, trade names, product descriptions etc. even without a particular marking in this works is in no way to be construed to mean that such names may be regarded as unrestricted in respect of trademark and brand protection legislation and could thus be used by anyone.

Coverbild / Cover image: www.ingimage.com

Verlag / Publisher:
Südwestdeutscher Verlag für Hochschulschriften
ist ein Imprint der / is a trademark of
AV Akademikerverlag GmbH & Co. KG
Heinrich-Böcking-Str. 6-8, 66121 Saarbrücken, Deutschland / Germany
Email: info@svh-verlag.de

Herstellung: siehe letzte Seite /
Printed at: see last page
ISBN: 978-3-8381-3477-2

Zugl. / Approved by: Jena, Friedrich-Schiller-Universität, Diss., 2011

Copyright © 2012 AV Akademikerverlag GmbH & Co. KG
Alle Rechte vorbehalten. / All rights reserved. Saarbrücken 2012

*Bedenke stets, dass alles vergänglich ist;
dann wirst du im Glück nicht zu fröhlich
und im Leid nicht zu traurig sein.*

SOKRATES (470 - 399 V. CHR.)

Zusammenfassung

Prädisponierend für die Entstehung eines Zervixkarzinoms ist die persistierende Infektion mit humanen Papillomaviren (HPV), insbesondere den Hochrisiko-Typen (HR) 16 und 18. Von 100 infizierten Frauen entwickeln circa 1 - 2 Frauen ein Zervixkarzinom. Dieses geht in der Regel aus einer prämalignen Neoplasie (cervical intraepithelial neoplasia, CIN) hervor. Hierbei unterscheidet man leichtgradige (CIN1) und schwergradige (CIN2/3) Neoplasien, die auch unbehandelt abheilen können. Mit steigendem Dysplasiegrad wird jedoch die Wahrscheinlichkeit größer, ein Zervixkarzinom zu entwickeln. Bis heute werden daher die meisten CIN2 und alle CIN3 operativ entfernt. Zusätzlich zur Infektion mit einem HR-HPV-Typ sind genetische Veränderungen der befallenen Zelle für die Tumorentstehung entscheidend. Durch vorangegangene Mikrozell-vermittelte Chromosomentransfer-Analysen wurde der Verlust der chromosomalen Regionen 4q35.1-qter und 10p14-15 kausal mit dem Prozess der Immortalisierung in Verbindung gebracht.

Ein Ziel der vorliegenden Arbeit war darauf aufbauend die spezifische Identifikation und Validierung putativer Tumorsuppressorgene, welche gegenüber CIN im Zervixkarzinomen (CxCa) signifikant schwächer exprimiert werden. Dazu wurden Gefrierschnitte ausgewählter CIN3 und CxCa angefertigt und dysplastische bzw. Tumorareale mikrodissektiert. Aus den Proben wurde die RNA isoliert und die Quantität sowie die Qualität der RNA bestimmt. Nach dem Umschreiben der RNA in cDNA und deren Markierung konnten Whole Human Genome Micorarrays hybridisiert werden. Es fanden sich 19 verringert exprimierte Gene, die mittels real-time PCR validiert wurden.

Im zweiten Teil der vorliegenden Arbeit wurden neun der 19 identifizierten Gene funktionell charakterisiert. Um den Gentransfer optimal zu gewährleisten, erfolgte die Etablierung einer Transduktionsmethode auf Basis von Lentiviren. Der lentivirale Vektor in Verbindung mit weiteren Plasmiden, die die Gene für die Produktion von Lentiviren trugen, wurden in die Verpackungszelllinie HEK293T transfiziert. Für die funktionellen Analysen wurden geeignete Zelllinien und primäre Zellen (Fibroblasten und Keratinozyten) stabil transduziert. Im Vordergrund stand die Induktion von Seneszenz durch Genkomplementation. Um die Seneszenzinduktion einzelner Gene zu überprüfen, wurden die Zellen dem Seneszenz-assoziierten Galactosidase-Assay unterzogen. Im Ergebnis der Seneszenz-Tests zeigten die Gene SORBS2 und TLR3 nach Transduktion in Fibroblasten und Keratinozyten eine deutlich größere Anzahl seneszenter Zellen als in der Negativ-Kontrolle (Leervektor und Mock-Transduktion). Hingegen konnte in immortalen Zelllinien Seneszenz nicht induziert werden. Möglicherweise ist die Expression mehrerer Gene notwendig, um die multiplen Aberrationen zu komplementieren. Eine weitere funktionelle Charakteristik von Tumorsuppressorgenen ist der negative Einfluß auf das Zellwachstum. In Abhängigkeit vom Wachstumsverhalten der transduzierten Zellen erfolgte nach mehreren Tagen die Analyse der Proliferation mittels MTT-Assay. Der Proliferationstest brachte nach der Expression bestimmter Gene erste Hinweise auf ein verringertes Wachstum in einzelnen Zelllinien. So zeigten die Gene DIP2C, IL15RA und WDR37 einen negativen Einfluß auf das Zellwachstum, SORBS2 und TLR3 verlangsamten diesen Prozess ebenfalls.

Mit der Seneszenzinduktion und Proliferationsreduktion zeigten die Gene SORBS2 und TLR3 typische Eigenschaften von Tumorsuppressorgenen. Dies deutet darauf hin, dass der Verlust dieser beiden in der chromosomalen Region 4q35 lokalisierten Gene mit Immortalität in Verbindung gebracht werden kann.

Abstract

A predisposing factor for the development of cervical cancer is a persistent infection with human papillomavirus (HPV), especially the high-risk types (HR) 16 and 18. About 1-2 % of HPV-infected women develop cervical cancer. The cancer arises usually from a pre-malignant neoplasia (cervical intraepithelial neoplasia, CIN). These CINs, which principally can disappear without treatment are classified into mild (CIN1) and severe (CIN2/3) neoplasia. With increasing degree of dysplasia, however, the probability to develop a cervical cancer also increases. To date, therefore, most CIN2 and all CIN3 lesions are surgically removed. In addition to the infection with an HR-HPV type, genetic changes in the infected cell are crucial for tumour development. On the basis of previous micro cell mediated chromosome transfer analyses the chromosomal regions 4q35.1-qter and 10p14-15 were characterised as relevant for immortalisation.

Taking this into account one aim of this work was the identification and validation of putative tumour suppressor genes which are expressed at a significantly reduced level in the cervical carcinoma (CxCa) than in CIN. For this purpose, frozen sections of selected CIN3 and CxCa were prepared and dysplastic and tumour areas micro dissected, respectively. RNA was isolated from the tissue specimens and quantity as well as quality of the RNA measured. After reverse transcription of the RNA into cDNA this was hybridised on Whole Human Genome Mircoarrays. Nineteen genes in the region of interest showing down-regulation were validated using real-time PCR.

In the second part of the work nine out of the 19 identified genes were characterised functionally. To ensure that gene transfer occured optimally, a transduction method based on lentiviruses was established. The lentiviral vector in combination with other plasmids, which containing the genes for lentiviral production, were transfected into the packaging cell line HEK293T. Various cell lines and primary cells (fibroblasts and keratinocytes) were stably transduced for the functional assays. With the background knowledge that the genes were located in chromosomal regions, the loss of which yielded immortality, the focus was on the induction of senescence by gene complementation. In order to check the induction of senescence, transduced cells were fixed and a senescence-associated galactosidase assay was performed. After transduction of the genes SORBS2 and TLR3 into fibroblasts and keratinocytes the results of the senescence tests showed a clearly larger number of senescent cells than in the negative controls (empty vector and mock transduction). More over, neither SORBS2 nor TLR3 could induce senescence in immortalised cell lines. It may be postulated that the expression of several genes is necessary to complement multiple aberration. Furthermore, another typical property of tumour suppressor genes is a negative influence on proliferation. After several days, depending on the growth behaviour of the cells, analysis of proliferation was carried out using MTT-assay. The proliferation test performed after the expression of certain genes brought the first indications of reduced growth in some cell lines. The genes DIP2C, IL15RA and WDR37 had a negative influence on cell growth, and SORBS2 and TLR3 also slowed the process.

With the induction of senescence and the reduction of proliferation, SORBS2 and TLR3 revealed typical characteristics of functional tumour suppressor genes. This points to the fact that the loss of these two genes, both of which are localised in the chromosomal region 4q35, can be associated with immortality.

Inhaltsverzeichnis

1	**Einleitung**	**1**
1.1	Humane Papillomaviren (HPV)	1
	1.1.1 Das HPV-Genom	1
	1.1.2 Infektion mit high-risk HPV (HPV Life Cycle)	3
	1.1.3 Die Rolle der Onkogene E6 und E7 bei der Zelltransformation	6
1.2	Das Zervixkarzinom	8
	1.2.1 Epidemiologie	8
	1.2.2 Die Zervixkarzinogenese	8
	1.2.3 Allgemeine genetische Veränderungen während der Zervixkarzinogenese und mögliche molekularbiologische Marker	11
1.3	Untersuchungen zu genetischen Veränderungen der Chromosomen 4 und 10	13
1.4	Zelluläre Seneszenz	15
1.5	Zielstellung	16
2	**Material**	**18**
2.1	Geräte	18
2.2	Verbrauchsmaterial	20
2.3	verwendete Reagenzien	22
2.4	Enzyme	23
2.5	Puffer und Lösungen	24
2.6	Biologisches Material	26
	2.6.1 Primäre Zellen und Zelllinien	26
	2.6.2 Biopsiematerial	26

2.7	Kits		27
2.8	Oligonucleotide		27
2.9	Plasmide		28
2.10	Sequenzierung und Datenbankrecherche		28

3 Methoden   **29**

3.1	Arbeiten mit Prokaryoten		29
	3.1.1	Kultivierung von Prokaryoten	29
	3.1.2	Transformation von *E. coli*	30
3.2	Mikrodissektion		30
	3.2.1	Vorbereitung der Gefrierschnitte und Färbung	30
	3.2.2	Mikrodissektion am PALM MicroBeam	31
3.3	Microarrays		32
	3.3.1	Qualitätsbestimmung der RNA	32
	3.3.2	Probenvorbereitung und Hybridisierung	33
	3.3.3	Auswertung der Arrays	34
3.4	PCR		35
	3.4.1	Real-time PCR	35
	3.4.2	Long Expand Template PCR	37
3.5	Arbeiten mit RNA		38
	3.5.1	Isolierung von Gesamt-RNA aus Gefrierschnitten	38
	3.5.2	Isolierung von Gesamt-RNA aus Zelllinien	38
	3.5.3	Konzentrationsbestimmung der RNA	39
	3.5.4	Reverse Transkription	39
	3.5.5	Northern Blot	40
3.6	Arbeiten mit DNA		42
	3.6.1	Klonierung von PCR-Produkten	42
	3.6.2	Umklonierung von DNA-Fragmenten	42
	3.6.3	Plasmidisolierung	43
	3.6.4	Isolierung und Reinigung von DNA aus Agarosegelen	43

3.6.5 Quantifizierung und Qualitätskontrolle von dsDNA 43

3.6.6 Restriktionsverdau 44

3.7 Kultivierung adhärenter humaner Zelllinien 44

    3.7.1 Kultivierung von Zelllinien und primären Fibroblasten 44

    3.7.2 Kultivierung von primären Keratinozyten 45

    3.7.3 Einfrieren und Auftauen 45

3.8 Transfektion und Transduktion von eukaryotischen Zellen 46

    3.8.1 Transfektion nach Chen und Okayama 46

    3.8.2 Transfektion mit lentiviralen Vektoren 47

    3.8.3 Transduktion mit Lentiviren 47

3.9 Angewendete Assays in der Zellkultur 50

    3.9.1 Proliferations-/MTT-Assay 50

    3.9.2 DAPI-Test 51

    3.9.3 Seneszenz-Test/β-Galactosidase-Assay 52

3.10 Immunfluoreszenz 52

    3.10.1 Anfertigen von Cytospins 53

    3.10.2 Immunfluoreszenz 53

3.11 Western Blot 54

    3.11.1 Anfertigen von Zelllysaten 54

    3.11.2 SDS-PAGE und Western Blot 55

    3.11.3 Antikörperdetektion 56

3.12 Statistik 57

4 Ergebnisse   59

4.1 Probenvorbereitung 59

    4.1.1 Vorbereitung der Gefrierschnitte für die Mikrodissektion 59

    4.1.2 Mikrodissektion und Probenaufnahme 63

    4.1.3 RNA-Isolation 64

4.2 Microarray-Analysen 65

    4.2.1 RNA-Qualität und Proben-Auswahl 65

	4.2.2	Microarray-Auswertung	67
	4.2.3	Validierung ausgewählter Gene mittels quantitativer real-time PCR	70
	4.2.4	Expression ausgewählter Gene in verschiedenen Zelllinien mittels quantitativer real-time PCR	72
4.3	Klonierung der Kandidatengene	73
	4.3.1	Analyse der ImaGenes Klone und Amplifikation der ORFs	74
	4.3.2	Klonierung in pJET und Sequenzierung	74
	4.3.3	Umklonierung in lentiviralen Vektor pCDH	76
4.4	Transduktion der Kandidatengene	76
	4.4.1	Etablierung der $CaPO_4$-Transfektion	76
	4.4.2	Etablierung der lentiviralen Transduktion	77
		4.4.2.1 Ermittlung des geeigneten Transduktionsreagenz	77
		4.4.2.2 Transduktion von Zelllinien und primären Fibroblasten	78
		4.4.2.3 Transduktion von primären Keratinozyten	80
4.5	Überprüfung der Genexpression und Transduktions-effizienz	81
	4.5.1	Northern Blot	81
	4.5.2	Immunfluoreszenz und Western Blot	85
4.6	Funktionelle Analysen	87
	4.6.1	Proliferations-Assay	87
	4.6.2	Seneszenz-Test in Zelllinien und primären Zellen	91
		4.6.2.1 Zelllinien	92
		4.6.2.2 primäre Zellen (Fibroblasten und Keratinozyten)	93

5 Diskussion 102

5.1	Effizienter und stabiler Gentransfer durch lentivirale Transduktion	103
5.2	Einzelne Gene zeigten einen negativen Einfluß auf die Proliferation	106
5.3	SORBS2 und TLR3 induzierten Seneszenz in Fibroblasten und Keratinozyten	112
	5.3.1 Seneszenz und das Verhalten von ausgewählten Zelllinien	113
	5.3.2 SORBS2	114

      5.3.3   TLR3 116

      5.3.4   Zusammenfassung Seneszenztest 118

   5.4   Ausblick 118

Literaturverzeichnis   120

6 Oligonucleotidübersicht   133

7 Plasmidübersicht   138

8 Abkürzungsverzeichnis   142

Kapitel 1

Einleitung

1.1 Humane Papillomaviren (HPV)

1.1.1 Das HPV-Genom

Papillomaviren sind kleine, doppelsträngige DNA-Viren mit einer Größe von ca. 8 kb. Die DNA ist zirkulär, mit zellulären Histonproteinen assoziiert und bildet eine chromatinähnliche Struktur [85]. Das Genom setzt sich aus acht ORFs (open reading frames) zusammen (Abbildung 1.1 a). Für die Transkription der Gene stehen ein früher (p97 bei HPV16) und ein später (p670 bei HPV16) Promotor zur Verfügung (Abbildung 1.1 b). Der frühe Promotor ist für die Expression der frühen Gene während des HPV Lebenszyklus wichtig und arbeitet unabhängig von der Differenzierung der Keratinozyten, wohingegen der späte Promotor differenzierungsabhängig initiiert wird [34]. Die Gene des HPV-Genoms werden mit sich überlappenden Leserastern als polycistronische mRNA exprimiert.

Das HPV-Genom kann in drei größere Bereiche gegliedert werden:

- nicht-codierender Bereich der "upstream regulatory region" (URR) mit den Kontrollelementen für die Replikation und Genexpression
- die frühen Gene E6, E7, E1, E2, E4 und E5
- die späten Gene L1 und L2

Die späten Genprodukte L1 (major capsid protein) und L2 (minor capsid protein) sind die Strukturproteine und bilden ein ikosaedrisches Kapsid aus 72 Kapsomeren, in das die DNA verpackt ist [121]. Die frühen Gene E5, E6 und E7 besitzen onkogene Eigenschaften und sind wesentlich für den Transformations-prozess verantwortlich, während E1 und E2 für die Regulation der Replikation und Koordination der Transkription der anderen frühen Gene zuständig sind [125].

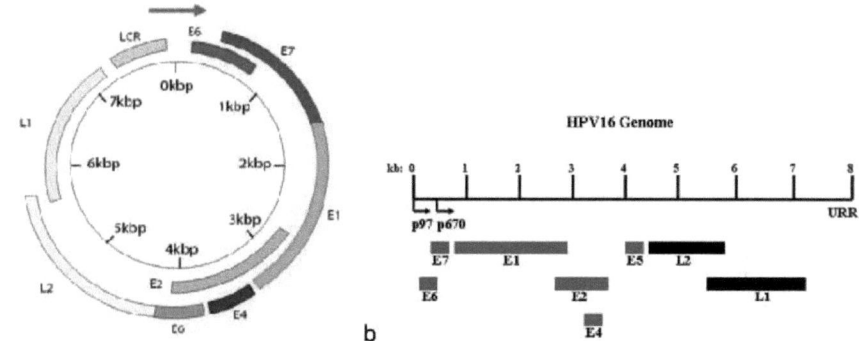

Abbildung 1.1: a) Schematische Darstellung eines HPV-Genoms: es werden die Anordnung der frühen Gene (E) bzw. nicht-Strukturgene, die Capsidgene L1 und L2 sowie der nicht-codierende Regulationsbereich (long control region, LCR) des Genoms dargestellt (Abbildung modifiziert nach Jo und Kim [86]).
b) Genomorganisation des high-risk HPV-Typs 16: die frühen Gene sind in grau und die späten Gene in schwarz dargestellt, die beiden Promotoren (früh p97 und spät p670) sind durch Pfeile gekennzeichnet (Abbildung aus [34]).

Die Papillomaviren bilden die eigenständige Familie der Papillomaviridae und können weiter in verschiedene Gattungen gegliedert werden (Abbildung 1.2). Dies erfolgt auf Grundlage phylogenetischer Analysen der L1 Sequenz, da dieser ORF der am stärksten konservierte Bereich des Genoms ist [40]. Sie sind sowohl wirtsspezifisch als auch epitheliotroph, basierend auf ihrer Fähigkeit, mucosale oder kutane Keratinozyten infizieren zu können [34]. Mucosale HPV-Typen können weiter in low-risk (LR) und high-risk (HR) Typen gegliedert werden. Low-risk HPV, wie die Typen 6 und 11, können gutartige Läsionen, wie Warzen, auslösen, wohingegen high-risk HPV-Typen maligne Läsionen bis hin zum Zervixkarzinom verursachen können [41, 106]. Zu den HR-HPV zählen die Typen 16, 18, 31, 33, 35, 39, 45, 51, 52, 56, 58 und 59. Sechs HPV-Typen, 26, 53, 66, 68, 73 und 82 gelten als potentielle HR-HPV [127].

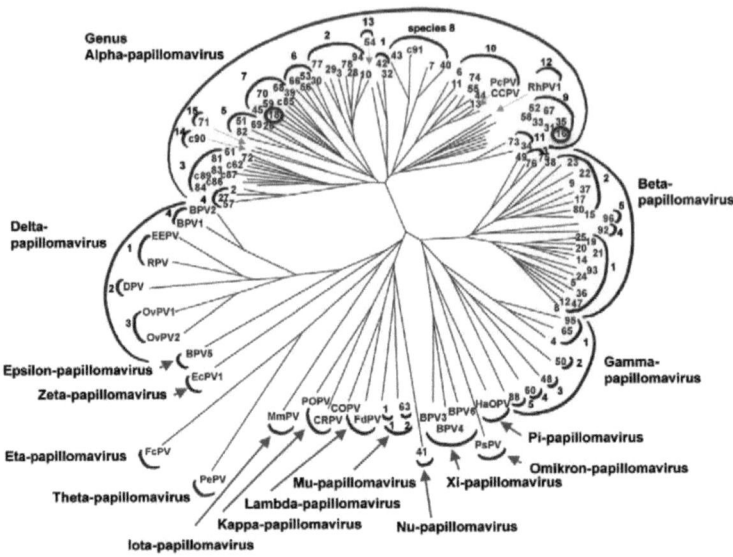

Abbildung 1.2: Phylogenetische Einteilung der 118 Papillomavirustypen; die genitalen mucosalen HPV-Typen 16 und 18 gehören in den Genus alpha-Papillomaviridae (rot markiert) (Abbildung aus [41]).

1.1.2 Infektion mit high-risk HPV (HPV Life Cycle)

Für eine erfolgreiche Infektion müssen die Viruspartikel die sich teilenden Zellen der Basalzellschicht des Epithelgewebes erreichen. Vor allem die Transformationszone im Übergang von der Endo- zur Ektozervix mit den Reservezellen nahe der Oberfläche ist anfällig für Infektionen. Durch Mikroläsionen begünstigt, können die Viren über bestimmte Rezeptoren wie α-Integrin und Heparinsulfat in die Zellen eindringen [87, 69, 181, 136]. Abhängig vom Virustyp erfolgt die Aufnahme der Viren in die Zielzellen über Clathrin-bedeckte Einbuchtungen oder Caveolae [39, 17, 162]. Über Endosomen, in denen die eingetretenen Viren entpackt werden und der N-Terminus von L2 geschnitten wird, wird ein L2/Virus-DNA-Komplex in das Zytosol entlassen und anschließend in den Kern der Wirtszelle transportiert [34].

Der Lebenszyklus von HPV ist eng verbunden mit der Differenzierung der Keratinozyten (Abbildung 1.3). Die Produktion neuer Virionen erfolgt in den differenzierten Zellen der Suprabasalschicht.

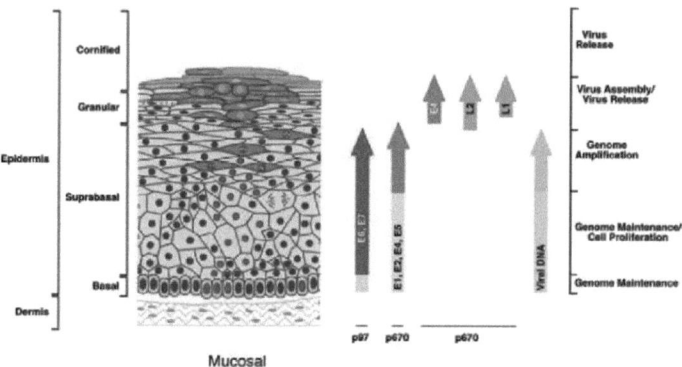

Abbildung 1.3: HPV-Lebenszyklus nach einer Infektion der Mucosa und Expression der viralen Gene in den verschiedenen Differenzierungsstadien des Epithels bis zur Virusfreisetzung in den oberen Epithelschichten (Abbildung modifiziert nach [46])

Die virale DNA bleibt als Episom in den infizierten Basalzellen bestehen, in einer Kopienzahl von 20 bis 100 Virusgenomen pro Zelle. Die Expression der viralen Gene liegt in der Basalzellschicht auf einem relativ niedrigen Niveau und steigt in den oberen, differenzierten Zellschichten stark an. Dies steht in Verbindung mit der erhöhten Kopienzahl des Virusgenoms [50]. Für den Erhalt des Episoms in der Zelle, die Replikation des Virusgenoms und die Segregation sind die Proteine E1 und E2 verantwortlich [122, 176, 182]. Sie sind die ersten Proteine, die vom Virusgenom in der Wirtszelle exprimiert werden (Tabelle 1.1). E2 ist ein DNA-Bindeprotein und erkennt ein palindromisches Motiv im nicht codierenden Bereich des HPV-Genoms [42]. Die E2-Bindung an den Replikationsursprung rekrutiert E1, das als Helikase mit ATPase-Aktivität den DNA-Strang aufwindet und zusätzlich noch weitere zelluläre Proteine, wie RPA (replication protein A) und eine DNA Polymerase für die Replikation bindet [113, 31, 107]. Des Weiteren spielt E2 eine wichtige Rolle in der Segregation der viralen Episome, indem es mittels des zellulären Proteins Brd4 das Episom an mitotische Chromosomen bindet [182]. Außerdem ist E2 an der Regulation des frühen Promotors beteiligt und kontrolliert somit die Expression der viralen Onkogene E6 und E7.

Tabelle 1.1: Zusammenfassung der wichtigsten Funktionen der frühen Gene des Humanen Papillomavirus

Frühe Gene	Proteinfunktion
E1	Helikase-Funktion; ATPase-Aktivität; bindet an den Replikationsursprung und bewirkt mit E2 die virale Replikation und Genomsegregation; bindet zelluläre Proteine für die DNA-Replikation
E2	DNA-Bindeprotein; rekrutiert E1 an den Replikationsursprung in der LCR; re-guliert die Transkription vom frühen Promotor; kontrolliert die Expression der frühen Gene E6 und E7
E4	bindet an Keratin-Netzwerk der Zelle; Fusionsprotein E1^E4 aus den ersten fünf Aminosäuren von E1
E5	erhöht die zelluläre Proliferation
E6	Onkoprotein; bindet an p53 und degradiert es mit Hilfe einer zellulären Ubiquitinligase; induziert Telomerase-Aktivität
E7	Onkoprotein; bindet an pRB und setzt dadurch den Transkriptionsfaktor E2F frei → Eintritt in die S-Phase; interagiert mit Cyclin-abhängigen Kinase-Inhibitoren

Die frühen Gene E4 und E5 werden hauptsächlich in der späten Phase im Lebenszyklus des humanen Papillomavirus exprimiert. Das E4-Protein ist ein E1^E4-Fusionsprotein mit den ersten fünf Aminosäuren von E1. Das E1^E4-Protein der HR-HPV bindet an das Keratin-Netzwerk der Zelle, bringt es bei Überexpression des Proteins zum Kollabieren und erleichtert die Freisetzung fertiger Viren aus den Zellen [47]. Über die Funktion des Proteins E5 in infizierten Keratinozyten ist noch nicht viel bekannt. Es ist ein kleines hydrophobes Transmembranprotein, das überwiegend im Endoplasmatischen Reticulum lokalisiert ist [32, 45]. In verschiedenen Untersuchungen konnte gezeigt werden, dass HPV E5 an den EGF-Rezeptor (epidermal growth factor) bindet und in ähnlicher Weise wie das bovine Papillomavirus E5 Protein auf den PDGF-Rezeptor wirkt [33, 36]. Im Gegensatz dazu führt ein Verlust von E5 zu einer beeinträchtigten Aktivierung der späten viralen Funktionen in differenzierten Zellen [55]. Generell ist E5 aber nicht essentiell für das Virus.

Normale Epithelzellen wandern von der Basalschicht zur Suprabasalschicht, verlassen auf dem Weg den Zellzyklus und differenzieren sich. In infizierten Zellen verbleiben die Zellen mit der Expression von E6 und E7 vom frühen Promotor (p97) im Zellzyklus und die normale Differenzierung ist gestört. E7 stimuliert die S-Phase-Progression, während E6 durch die Inaktivierung von p53 die Induktion der Apoptose aufgrund des unplanmäßigen S-Phase-Eintritts verhindert. Für die Produktion infektiöser Virionen wird der späte, differenzierungsabhängige Promotor in den mittleren und oberen Epithelschichten aktiviert. Nach der viralen Genomamplifizierung werden die Capsid-Proteine L1 und L2 in den Zellen der oberen Epithelschicht exprimiert und in den Zellkern transportiert, um das Genom zu verpacken [58]. L2 akkumuliert dazu an bestimmten Strukturen, den PML (Promyelozytische Leukämie)-Kernkörpern, und rekrutiert das Hauptcapsidprotein L1. Papillomaviren sind nicht-lytische

Viren. Die Virionen können die Zellen erst verlassen, wenn diese die Epitheloberfläche erreicht haben. Der lange intrazelluläre Aufenthalt des Virus schützt es vor der Immunsystemerkennung. Das Virus besitzt zusätzlich noch molekulare Mechanismen, um die Präsentation viraler Epitope zu begrenzen [7, 109, 116].

1.1.3 Die Rolle der Onkogene E6 und E7 bei der Zelltransformation

Die viralen Proteine E6 und E7 der high-risk Typen fungieren in der Zelle als Onkoproteine. Ihre Expression in den infizierten Zellen bildet einen wichtigen Schritt in der Entwicklung von Dysplasien. Allerdings ist die Entwicklung, vor allem schwergradiger Dysplasien, eher die Ausnahme und seltener die Folge der HPV-Infektion. Für die Immortalisierung von humanen Keratinozyten wird die Expression beider Onkogene benötigt [78].

HPV16 E6 ist ein kleines Protein mit 151 Aminosäuren. Es besitzt zwei Zink-Bindedomänen und befindet sich sowohl im Zytoplasma als auch im Nukleus [12, 76, 89]. Eine der wichtigsten Aufgaben von high-risk E6 ist die Bindung von p53. In der Bildung eines trimeren Komplexes mit der Ubiquitinligase E6AP führt dies zu einer Ubiquitinylierung von p53 und anschließend zu dessen Abbau durch das Proteasom. Durch den schnellen Turnover von p53 steht dieses in der Zelle nicht mehr als "Wächter" beim Eintritt in die S-Phase und der M-Phase sowie als Tumorsuppressor bei DNA-Schäden zur Verfügung [153, 175]. Die Aktivierung von p53 bei DNA-Schäden führt normalerweise zu einer erhöhten Expression von p21, ebenfalls ein Tumorsuppressorprotein, das wiederum den Zellzyklus stoppt und in einer Aktivierung des Apoptose-Pathways resultiert [98]. Durch den Eingriff in den p53-Pathway wird nicht nur die Apoptose verhindert, sondern es fehlt auch die Steuerung bei DNA-Schäden. Dies führt letztendlich zu chromosomalen Veränderungen wie Duplikationen oder Translokationen von Chromosomen [92, 168].

Ein weiterer Interaktionspartner von E6 sind die Proteine der PDZ-Familien. Die PDZ-Domäne findet sich häufig in Proteinen der Zell-Zell-Verbindungen. Sie dienen als Gerüstproteine in der Signaltransduktion [35] und fungieren als Tumorsuppressorproteine [111]. Für die Erkennung dieser Proteine besitzt high-risk E6 an seinem C-Terminus ein PDZ-Erkennungsmotiv, worüber die PDZ-Proteine gebunden und anschließend über das Proteasom degradiert werden. Die Degradierung der PDZ-Proteine und p53 können sowohl über die Ubiquitinligase E6AP erfolgen als auch unabhängig von dieser durch das Proteasom abgebaut werden [112]. Dies hat entscheidende Auswirkungen auf die Zellpolarität sowie auf die Proliferationskontrolle und trägt zur Entstehung der malignen Veränderungen bei [167].

Ein wichtiger Faktor bei der Immortalisierung durch E6 ist die Aktivierung der Telomerase. Die Telo-merase ist normalerweise nur während der embryonalen Entwicklung in den Zellen aktiv, wohingegen in differenzierten somatischen Zellen keine Expression mehr erfolgt. Allerdings kann in bestimmten Stammzellen eine Telomeraseaktivität gemessen werden u.a.

in Zellen der basalen Epidermis [15]. Durch E6 und in Verbindung mit den Transkriptionsfaktoren Myc und SP-1 wird die Expression der katalytischen Untereinheit hTERT wieder aufgenommen bzw. verstärkt [97, 101, 133]. Aufgrund der E6-vermittelten Aktivierung der Telomerase wird die Verkürzung der Telomere verhindert, welche sonst durch die häufigen Zellteilungen auftreten würde. In normalen somatischen Zellen führt die Verkürzung der Telomere zur Seneszenz [105]. Während die Degradierung der PDZ-Proteine und die Expression der hTERT für die Immortalisierung bedeutend sind, ist die Inaktivierung von p53 wichtig für die Transformation der Zelle.

Wie E6 besitzt auch das Protein E7 zwei Zink-Finger-Motive. Das Onkoprotein E7 der highrisk HPV-Typen bindet eine Reihe zellulärer Proteine - unter anderem die Proteine der Retinoblastoma (RB) Familie - und führt zu deren Degradierung [54, 71]. In normalen Zellen bindet pRB an den Transkriptionsfaktor E2F und verhindert somit die Transkription von Genen für die DNA-Synthese und Zellzyklusprogression [53]. Nach der Phosphorylierung von pRB durch Cyclin-Kinasen wird E2F freigesetzt und der Zellzyklus tritt in die S-Phase ein. E7 bindet unphosphoryliertes pRB und vermittelt dessen Abbau durch den Proteasom-Pathway, wodurch die Gene für die Zellzyklusprogression exprimiert werden können [54]. Eine weitere Funktion von pRB ist die Kontrolle beim Austritt aus dem Zellzyklus während der Differenzierung des Epithels. Durch den Einfluss von E7 kann auch in den differenzierten Zellen der Suprabasalschicht eine Replikation des Virus erfolgen [25].

Zwei weitere wichtige Gruppen von Proteinen, die durch E7 beeinflusst werden, sind zum einen die Histondeacetylasen (HDAC) und zum anderen bestimmte Cycline und CDK-Inhibitoren [110, 6, 62]. HDAC sind transkriptionelle Korepressoren, die Acetylgruppen von Histonen entfernen. Somit wird eine stärkere Kondensation des Chromatins bewirkt, wodurch der Transkriptionsapparat keinen weiteren Zugang zum Promotor hat. Zusätzlich können HDAC den Transkriptionsfaktor E2F deacetylieren und dadurch dessen Funktion inhibieren [110]. Die Hemmung der HDAC durch E7 resultiert in einer gelockerten Nucleosomenstruktur und einem Erhalt der Funktion von E2F nach der Freisetzung von pRB, wodurch die Zellzyklusprogression gewährleistet ist. Hierfür werden Cycline und ihre Kinasen, sowie die Hemmung ihrer Inhibitoren benötigt. Die Bindung von E7 an Cyclin A [6] und Cyclin E [117] verstärkt deren Funktion, während die Bindung an die CDK-Inhibitoren p21 [62] und p27 [183] ihre Funktion blockieren und die Aktivität der Cycline erhalten bleibt. Die Abbildung 1.4 auf der nächsten Seite verdeutlicht die Eigenschaften der Onkoproteine E6 und E7 und deren Zusammenspiel in der HR-HPV infizierten Zelle.

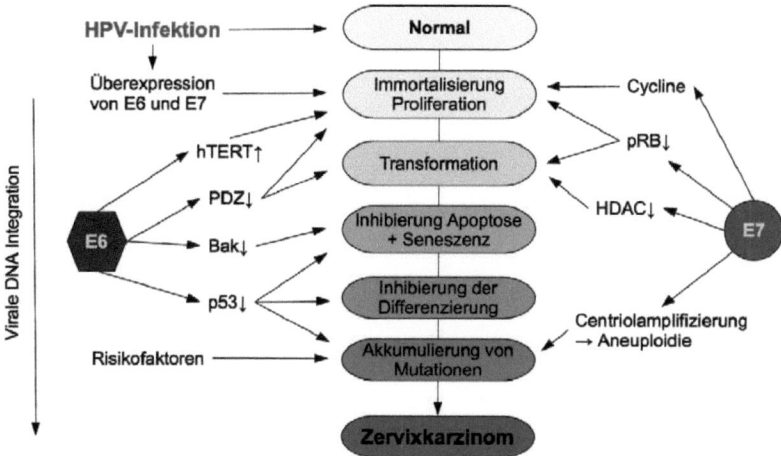

Abbildung 1.4: Funktionen der Onkogene E6 und E7 während der Progression zum Zervixkarzinom und ihre Wechselwirkung mit anderen zellulären Proteinen (modifiziert nach zur Hausen [184], Doorbar [46], Narisawa-Saito und Kiyono [131])

1.2 Das Zervixkarzinom

1.2.1 Epidemiologie

Das Zervixkarzinom ist die siebt häufigste Krebsart weltweit. Bei den Krebserkrankungen der Frauen steht er allerdings an zweiter Stelle. Jährlich erkranken schätzungsweise zwischen 430.000 Frauen [135] und 493.000 Frauen [18] am Karzinom der Cervix uteri. Im Jahr 2002 sind daran 274.000 Frauen verstorben [135]. In den Entwicklungsländern kommt das Zervixkarzinom mit 83 % aller Krebserkrankungen weit häufiger vor als in den Industriestaaten mit 3,6 % der Fälle. In Deutschland erkranken pro Jahr ca. 4.440 Frauen neu am Zervixkarzinom, das entspricht einer Inzidenzrate von 6,9 pro 100.000 Frauen pro Jahr [56, 57] (Daten von GLOBOCAN 2008 für Deutschland). Die Inzidenz ist in den letzten 13 Jahren von 7,8 auf 6,9 pro 100.000 Frauen gesunken. Die Mortalität liegt bei 2,3 pro 100.000 Frauen. Allerdings liegt die Inzidenz für zervikale intraepitheliale Neoplasien um das 100-fache höher. In Deutschland liegt die Inzidenz für schwergradige Präkanzerosen bei ca. 1 % [156].

1.2.2 Die Zervixkarzinogenese

Die Entstehung eines Karzinoms ist ein mehrstufiger Prozess, der sich über Jahre hinzieht [172]. Die Entstehung von Mutationen kann Vorteile für die Zelle haben und meist sind Proto-

Onkogene und Tumorsuppressorgene betroffen. Die Proto-Onkogene wie c-myc und ras können amplifiziert oder mutiert sein und entziehen sich somit der zellulären Kontrolle. Tumorsuppressorgene wie p53 werden meist während der Karzinogenese negativ beeinflusst. In den meisten Präkanzerosen ist daher eine genetische Instabilität des Wirtsgenoms festzustellen. Dies trägt wiederum zur Krebsentstehung bei, da sie chromosomale Veränderungen und Mutationen hervorrufen kann, die die Malignität weiter fördern. Krebszellen haben gegenüber normalen Zellen besondere Eigenschaften [77]:

- Autonomie gegenüber Wachstumssignalen
- Geringere Sensitivität gegenüber antimitotischen Signalen
- Vermeidung von Apoptose
- Unkontrollierte Proliferation
- Fähigkeit zur Angiogenese
- Invasion und Metastasierung

Ursächlich für die Entstehung eines Zervixkarzinoms ist eine persistierende Infektion mit high-risk humanen Papillomaviren. Bei persistierender Infektion erhöht sich die Wahrscheinlichkeit einer Integration des Virusgenoms in das Wirtszellgenom, meist verbunden mit dem Verlust des viralen Repressors E2, und einer anhaltenden Modifikation zellulärer Kontrollmechanismen durch die Virusproteine E6 und E7. Die Repression der beiden zellulären Tumorsuppressorproteine p53 und pRB resultiert in einer negativen Beeinflussung der Zellzykluskontrolle und der Apoptose. Die alleinige Infektion mit einem HR-HPV-Typ ist nicht ausreichend für die Tumorprogression und weitere genetische und epigenetische Veränderungen sind notwendig [154, 165]. Schließlich kommt es zur Fixierung genetischer Mutationen und zur natürlichen Auslese von Zellklonen mit tumorigenen Eigenschaften.

Die Entwicklung des Zervixkarzinoms verläuft über definierte nicht-maligne Vorstufen (Abbildung 1.5). Diese Dysplasien lassen sich in drei Gruppen von zervikalen intraepithelialen Neoplasien (CIN) einteilen. Bei CIN1 (leichtgradige Neoplasie) breiten sich die atypischen Zellen von der Basalzellschicht in die Suprabasalschicht des Epithels aus und befinden sich etwa im unteren Drittel des Plattenepithels. In den mittleren und oberen Schichten ist die Differenzierung noch erhalten. In den CIN2 und CIN3 (schwergradige Läsionen) nehmen die dysplastischen Zellen immer größeren Raum in der Zellschicht ein und an der Oberfläche des Epithels befinden sich nur noch wenige normale Zellen. Der Grad der Kernatypien ist ausgeprägter als bei den leichtgradigen Dysplasien und die Differenzierung der Zellen findet kaum noch statt. Es zeigen sich vermehrt atypische Zellen mit zum Teil atypischen Mitosen. CIN2/3 können aus einer leichtgradien CIN oder *de novo* entstehen [99]. Einzelne Zellen können in diesem prä-malignen Zustand ihre Immortalität erreichen und sich zu einem Karzinom entwickeln. Im Stadium des invasiven Karzinoms wird schließlich die Basalzellschicht durchbrochen und es können sich Tumorzellen vom Haupttumor ablösen und Metastasen bilden.

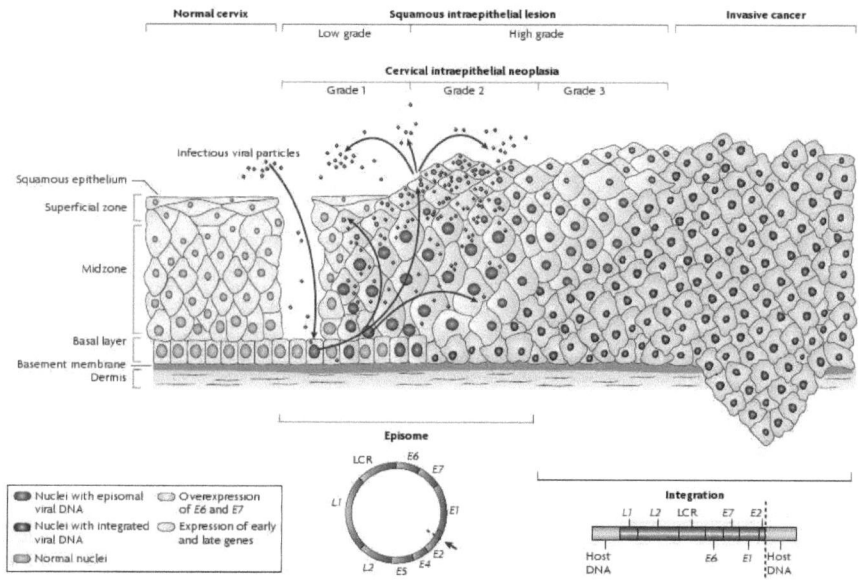

Abbildung 1.5: Modell der Zervixkarzinogenese (Abbildung aus [177])

Dennoch entwickelt sich nicht jede Dysplasie zu einem Karzinom. Der größte Teil der Präkanzerosen regrediert spontan, ohne dass die Dysplasie vorher registriert wurde [132]. Hierbei spielt das Immunsystem eine entscheidende Rolle. Mit steigendem Schweregrad der CIN wird allerdings die Fähigkeit zur Regression geringer. Nach Ostör [134] entwickeln sich nur ca. 1 % der CIN1 zu einem Zervixkarzinom. Allerdings entwickeln sich CIN3 zu über 12 % zu einem Karzinom. Neuere Daten von Hillemanns zufolge [84], liegt der Anteil an schwergradigen Dysplasien bzw. Carcinomata *in situ* (CIN3), die ein invasives Plattenepithelkarzinom der Zervix entwickeln, zeitabhängig zwischen 50 und 70 %. Tabelle 1.2 soll diese Entwicklung noch einmal verdeutlichen.

Tabelle 1.2: Wahrscheinlichkeiten der Entwicklung von zervikalen intraepithelialen Neoplasien ohne Therapie [84]

	Remission	Persistenz	Progression
CIN1	55 %	30 %	15 %
CIN2	40 %	30 %	20-30 %
CIN3	10 %	20-40 %	50-70 %

Aufgrund mangelnder prognostischer Marker, die die Entwicklung von einer schwergradigen Läsion zu einem Zervixkarzinom anzeigen, werden alle schwergradigen Dysplasien operativ entfernt.

Neben einer Infektion mit HR-HPV tragen weitere Risikofaktoren zur Entstehung eines Zervixkarzinoms bei. Tabakkonsum, bestimmte Ernährungsgewohnheiten sowie die Einnahme oraler Kontrazeptiva haben einen begünstigenden Einfluss auf die Entwicklung von schwergradigen Neoplasien bei einer bestehenden HPV-Infektion [123]. Des Weiteren haben Immunsuppression, sexuelles Verhalten und eine genetische Prädisposition in den HLA-Allelen positive Auswirkungen auf die Entwicklung von CIN bzw. Zervixkarzinomen. Castellsagué und Muñoz [24] teilen die verschiedenen Risiken in drei Gruppen ein:

1. Umweltbedingte und exogene Kofaktoren: orale Kontrazeptiva, Rauchen, Diät (Mangel verschiedener Nährstoffe), Koinfektion mit HIV und anderen sexuell übertragbaren Erregern

2. virale Kofaktoren: Infektion mit bestimmten HPV-Typen, Koinfektion mit anderen HPV-Typen, HPV-Varianten, Viruslast und virale Integration

3. Kofaktoren des Wirtes: endogene Hormone, genetische Faktoren und andere Faktoren, die mit der Immunantwort zusammenhängen

1.2.3 Allgemeine genetische Veränderungen während der Zervixkarzinogenese und mögliche molekularbiologische Marker

Die Entwicklung eines Zervixkarzinoms verläuft über mehrere Jahre bei persistierender HPV-Infektion sowie dem Auftreten weiterer Risikofaktoren. Obwohl mit bis zu über 40 % die Prävalenz von HPV in der Bevölkerung recht groß ist [13], verlaufen die meisten Infektionen inapparent und der überwiegende Teil der CIN regrediert spontan (Kapitel 1.2.2). Aus diesem Grund wäre es hilfreich, entsprechende Marker zur Verfügung zu haben, um eine Aussage über die Progressions- und Regressionswahrscheinlichkeit hochgradiger CIN machen zu können, um so unnötige Operationen zu vermeiden. Neben Markern auf RNA- und Proteinebene, gibt es auch Untersuchungen auf chromosomaler und epigenetischer Ebene.

Die Erkennung zellulärer Veränderungen der Zervix erfolgt zunächst durch die zytologische Beurteilung eines „Pap"-Abstrichs (Färbung nach Papanicolaou). Ein zusätzlicher HPV-Test kann auf ein mögliches Potential zur Erlangung einer Läsion hinweisen, allerdings sind HPV-Infektionen oft transient und somit alleine kein eindeutiger Marker für schwergradige CIN. In der überwiegenden Mehrheit der Zervixkarzinome liegt das HPV-Genom in das Wirtszellgenom integriert vor, während dies bei CIN1 nicht der Fall ist [96, 171]. Dies kann nicht durch ein HPV-Test festgestellt werden. Je schwerer der Dysplasiegrad, umso häufiger kommt es zu Integrationen. Daraus resultiert meist der Verlust von E2, gefolgt von einer unkontrollierten Expression von E6 und E7 [106], was wiederum einen Wachstumsvorteil für die Zelle bietet und eine Zelltransformation begünstigt.

Die Degradierung von pRb durch HR-HPV E7 führt zu einem erhöhten Level von p16, das durch einen pRB-abhängigen negativen Feedback-Loop ausgelöst wird. Auch die Inaktivierung von p53 durch E6 führt zu einer Überexpression von p16 [159]. P16 ist daher ein guter Biomarker, um HR-HPV-induzierte Dysplasien zu erkennen [129]. Selbst CIN1 sind dadurch identifizierbar und falsch-negative oder falsch-positive Ergebnisse nach einem Pap-Abstrich können so minimiert werden [95, 94]. Als spezifischer Marker wird p16 bei schwierig auszuwertenden CIN-Beurteilungen und Pap-Abstrichen eingesetzt.

Die erhöhte Proliferationsrate in CIN und Zervixkarzinomen kann durch einen Antikörper gegen das Ki-67 Antigen detektiert werden. Ki-67 ist ein Proliferationsmarker, der in den aktiven Phasen des Zellzyklus exprimiert wird [65]. Allerdings wird hier nicht zwischen normalen, sich teilenden Zellen und dysplastischen Zellen unterschieden. Die Besonderheit in dysplastischen HPV-positiven Zellen ist, dass sie sowohl p16 als auch Ki-67 detektierbar sind. Eine Kombination von Ki-67 und p16 bringt daher bei der Beurteilung von CIN ein klareres Bild. Vor allem die dysplastischen Areale von CIN1 und CIN2 lassen sich so deutlich vom umliegenden Normalgewebe abgrenzen.

Durch die genetische Instabilität, ausgelöst durch die Onkogene E6 und E7, kommt es häufig zu Re-arrangements der Chromosomen und damit einhergehend zu chromosomalen Verlusten und Zugewinnen. Durch CGH (comparative genomic hybridisation, vergleichende genomische Hybridisierung) und LOH (loss of heterozygosity, Allelverlust) Untersuchungen konnten in den letzten Jahren chromosomale Aberrationen und Allelverluste identifiziert werden. Interessant hierbei ist der Zugewinn von Chromosom 3q in Verbindung mit einer zusätzlichen Kopienzahl der chromosomalen Bande 3q26-27 [82, 81]. In dieser Region liegt die RNA-Komponente des humanen Telomerasegens (TERC). Diese Amplifikation spielt daher eine entscheidende Rolle bei der Progression von leichtgradigen CIN zu schwergradigen Dysplasien und zum Zervixkarzinom [83]. Die Einbeziehung chromosomaler Marker in die Beurteilung könnte die Sensitivität bei der Bewertung der Pap-Abstriche erhöhen.

Die genannten molekulargenetischen Marker sind ergänzende diagnostische Marker in der Routine. Eine Kombination bestimmter zusätzlicher Marker, wie die Untersuchung von chromosomalen Aberrationen und bestimmten Genen oder Methylierungsmustern, könnten eine Vorhersage über die Progres-sionswahrscheinlichkeit von CIN ermöglichen, um so möglicherweise eine sofortige therapeutische Konsequenz zu vermeiden.

1.3 Untersuchungen zu genetischen Veränderungen der Chromosomen 4 und 10

Zur Untersuchung genetischer Veränderungen in immortalen Zellen wurde ein *in vitro*–Zellkulturmodellsystem verwendet. Dieses Modellsystem wurde von Dürst und Kollegen etabliert, in dem humane Vorhautkeratinozyten verschiedener Donoren isoliert und mit HPV16 transfiziert wurden [48]. Im Ergebnis konnten mehrere voneinander unabhängige HPV16- oder HPV18-positive HPK (humane Papillomavirus immortalisierte Keratinozyten) (HPKIA, II, III und V) etabliert werden [48]. Die HPV16-transfizierten Zellen konnten darüber hinaus weiter passagiert werden und stehen noch heute als stabile Zelllinien mit undifferenzierter Morphologie in unterschiedlichen Passagen zur Verfügung. Die Expression von onkogenem Ras in HPK-Zellen führt neben Veränderungen in der Morphologie, auch zu einer malignen Transformation der Zellen mit neoplastischen Eigenschaften [49].

In Fusionsversuchen von HPK-Zellen mit primären Keratinozyten zeigten die Hybridzellen nach ca. 10 - 12 Populationsverdopplungen (PD) Seneszenz [158]. Es zeigt sich, dass der immortale Phänotyp rezessiv ist und durch die Komplementation eines normalen Genoms ein normaler Phänotyp mit Mortalität wiederherstellbar war. Chen und Kollegen [28] konnten mit ihren Zellfusionen von immortalisierten Ke-ratinozyten mit HPV18 DNA und normalen Keratinozyten oder Fibroblasten ebenfalls die Umkehr der Immortalisierung beobachten. Dies legt nahe, dass neben der viralen Genexpression weitere genetische Ereignisse notwendig sind, um sowohl Immortalität als auch eine maligne Entwicklung von high-risk HPV infizierten Zellen zu erreichen.

Um diese sekundären genetischen Veränderungen näher zu charakterisieren, wurden HPV-16-immortalisierte Keratinozyten (HPKIA) mit γ-Strahlen behandelt, kultiviert und in unterschiedlichen Passagen zytogenetisch untersucht [51]. Ab Passage 136 zeigte sich ein malignes Verhalten der bestrahlten Zellen nach Injektion in Nacktmäusen. Die Analyse der Karyotypen verschiedener Passagen bestrahlter HPK-Zellen und aus Nacktmäusen isolierter und kultivierter Tumoren zeigten im Vergleich zu frühen HPK-Zellen numerische chromosomale Unterschiede mit Zugewinnen und Verlusten einzelner Chromosomen. Verschiedene Derivativchromosomen, hier Isochromosomen, konnten ab den frühen nicht-tumorigenen HPK-Zellen beobachtet werden.

Die CGH-Analyse von vier verschiedenen HPK-Zelllinien zu unterschiedlichen Zeitpunkten nach HPV-Transfektion ergab verschiedene spezifische chromosomale Ungleichgewichte

[163]. Die gefundenen Imbalancen in den vier untersuchten Zelllinien (HPKIA, II und III HPV16-positiv; HPKV HPV18-positiv) zeigten ähnliche Verluste und Zugewinne bestimmter Chromosomenabschnitte. Verluste von Chromosom 4 und Chromosom 10 konnten in allen vier Zelllinien beobachtet werden (Tabelle 1.3), wobei die Verluste in 10p schon in frühen Passagen nachgewiesen werden konnten. Dies legte nahe, dass sich auf Chromosom 4 und / oder 10 möglicherweise Gene mit Tumorsuppressor-Eigenschaften befinden [163].

Tabelle 1.3: Tabelle der chromosomalen Imbalancen der vier untersuchten HPK-Zelllinien zu verschiedenen Zeitpunkten mittels CGH-Analyse mit Heraushebung der Verluste der Chromosomen 4 und 10 (modifiziert nach Solinas-Toldo et al. [163]).

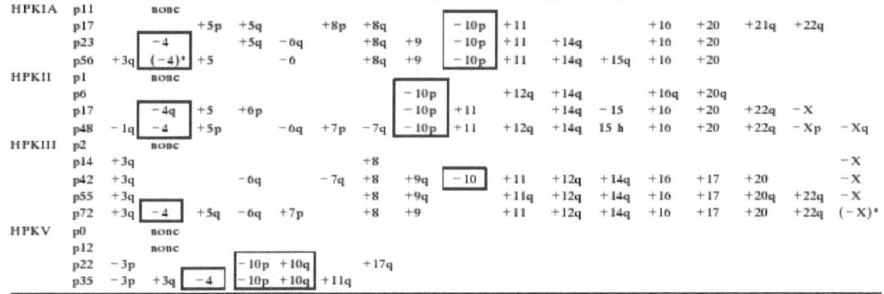

In weiteren Untersuchungen konnten die Regionen für putative Seneszenz-Genloci auf den Chromosomen 4 und 10 weiter eingegrenzt werden. Mittels Mikrozell-vermitteltem Chromosomen-Transfer (MMCT, microcell-mediated chromosome transfer) konnte Poignee und Kollegen [142] nach dem Einbringen von Chromosom 10 und unterschiedlichen Derivativchromosomen 10 Seneszenz in HPKII-Zellen induzieren und durch LOH-Analysen die Region auf 10p14-p15 eingrenzen. Weitere LOH-Analysen an Biopsiematerial von Metaplasien, leicht und schwergradigen Dysplasien sowie an Zervixkarzinomen bestätigten den Verlust der Chromosomenabschnitte 10p14-p15 auch in 38,7 % der Zervixkarzinome.

Auf Chromosom 4 konnte durch MMCT und LOH-Analysen eine weitere Region (4q35-qter) beschrie-ben werden, in der möglicherweise Seneszenzgene lokalisiert sind [10]. Die in den funktionellen Tests gewonnen Daten wurden durch LOH und Interphasen Fluoreszenz-*in situ*-Hybridisierung (I-FISH) an klinischem Material (CIN und CxCa) bestätigt. So wurden mittels LOH in ca. 25 % der schwergradigen Läsionen und in ca. 43 % der Zervixkarzinome Allelverluste in 4q35.1 gefunden. Auch nach I-FISH waren Verluste in den Regionen 4q34 und 4q35 in 25 % der CIN2/3 und in 28,6-47,6 % der Karzinome nachzuweisen [10].

Es ist daher zu vermuten, dass die Inaktivierung von Genen aus den eingegrenzten Regionen auf den Chromosomen 10 (10p14-15) und 4 (4q35-qter) im zervikalen Immortalisierungsprozeß von Bedeutung sind.

1.4 Zelluläre Seneszenz

Das veränderte Verhalten von primären Zellen *in vitro* wurde schon 1961 von Hayflick und Moorhead beobachtet [80] und als Alterung oder Seneszenz bezeichnet [79]. Zellen in diesem Zustand teilen sich nicht mehr, sind aber weiterhin metabolisch aktiv und können über einen längeren Zeitraum in Kultur gehalten werden. Während der Replikation werden bei jeder Verdopplung der chromosomalen DNA die Telomere verkürzt, da die DNA Polymerase diese nicht auffüllen kann. Die Telomerase (hTERT), die dieser Verkürzung entgegenwirken kann, ist nicht in differenzierten somatischen sondern nur in Keimzellen und teilweise in Stammzellen aktiv. Wenn die Telomere in somatischen Zellen eine kritische minimale Länge erreicht haben, kommt es zu einem Zellzyklusarrest, um eine Schädigung des Chromosoms und der damit in der Nähe der Telomere liegenden Gene zu verhindern. Dieser natürliche Vorgang wird replikative Seneszenz (RS) genannt. Zwei weitere Formen der zellulären Seneszenz sind die Onkogen-induzierte (OIS) und die beschleunigte, frühzeitige zelluläre Seneszenz (accelerated cellular senescence, ACS) [100, 178]. Die Signalwege von $p14^{ARF}$/p53 und $p16^{INK4a}$/pRB haben eine zentrale Rolle bei der Induktion der Seneszenz. Sie zeichnet sich durch eine Aktivierung der Seneszenz-assoziierten β-Galactosidase (SA-β-Gal), Seneszenz-assoziierte Heterochromatinfoci, p16-Expression und die Akkumulierung von HMGA1/2 Proteinen auf dem Chromatin aus [178].

Replikative Seneszenz (RS)

In Kultur haben primäre Zellen durch die Verkürzung der Telomere bei jeder Zellteilung eine zelltypabhängige festgelegte Lebensspanne. So besitzen zum Beispiel primäre Keratinozyten eine kürzere Kultivierungsspanne als primäre Fibroblasten. Durch die Induktion der Seneszenz wird eine Antwort auf die Schädigung der DNA aufgrund der Verkürzung der Telomere ausgelöst (DNA damage response, DDR). Dies soll eine weitere Erosion der Chromosomen durch eine fortgesetzte Zellteilung verhindern.

Das Entfernen der Telomerenden aktiviert die beiden Kinasen ATM und ATR und löst eine Signalkaskade aus, die schließlich zur Aktivierung und erhöhten Expression von p53 führt [43, 90]. Aktiviertes p53 kann anschließend die Signalkaskade zu zwei unterschiedlichen Pathways führen. Mittels der durch p53 ausgelösten Expression des CDK (cyclin-dependent kinase)-Inhibitors p21 wird der Zellzyklus gestoppt und die Seneszenz induziert [68]. Ein gegensätzlicher Weg geht über die pro-apoptotischen Gene FAS, BAX und PUMA und resultiert in der Apoptose der Zelle [147]. Bis jetzt ist noch nicht geklärt, warum einige Zellen die Seneszenz induzieren und andere den kontrollierten Zelltod durchlaufen. Ein weiterer Signalweg, der durch die Schädigung der DNA aktiviert wird, erfolgt über die Expression von p16, das wie p21 ein CDK-Inhibitor ist. Die Aktivierung von p16 und die Hemmung der

CDKs führen zu einer verminderten Phosphorylierung von pRB, die in der Hemmung des Zellzyklus resultiert.

Wie erwähnt, wird die Telomerase in normalen somatischen Zellen nicht exprimiert. Während der Transformation von Zellen und der Progression zum Karzinom wird die Expression der Telomerase häufig reaktiviert. Ein Ersatzweg zum Erhalt der Telomere ist die alternative Verlängerung der Telomere (alternative lengthning of telomeres, ALT) [128, 108]. Dies erfolgt mittels homologer Rekombination von Telomer-DNA und DNA-Replikation [146].

Onkogen-induzierte Seneszenz (OIS)

Ein weiterer wichtiger Aspekt zur Verhinderung neoplastischer Transformationen in der Zelle ist die Induktion der Seneszenz bei einer Überexpression von Onkogenen bzw. der Expression von mutierten Onkogenen. OIS zeigt die gleichen Eigenschaften wie RS, allerdings läuft die Induktion schneller ab und ist telomerlängenunabhängig. Serrano und Kollegen [160] sahen diesen Effekt nach der Expression der konstitutiv-aktiven $HRAS^{V12}$-Mutante und nannten ihn OIS. Auch bei dieser Aktivierung der Seneszenz sind wieder die beiden Pathways von p53 und p16-pRB involviert. Allerdings scheint je nach onkogenem Auslöser einer der beiden Pathways bevorzugt zu werden [100].

Beschleunigte zelluläre Seneszenz (ACS)

Diese Art der Seneszenz wird bei der Bekämpfung von Tumoren mittels Strahlung oder Chemothe-rapeutika genutzt. Sie ähnelt der OIS, wird aber durch genotoxischen Stress ausgelöst. Ein weiterer Mechanismus für eine frühzeitige Seneszenz ist der Verlust von Tumorsuppressoren. Zum Beispiel ist der Verlust von PTEN verbunden mit der Aktivierung von p53 und der Induktion der Seneszenz [100]. Wie auch OIS ist ACS telomerlängenunabhängig und zeigt die gleichen Merkmale wie RS. Bei der ACS scheint der Pathway von p53 weniger eine Rolle zu spielen, denn selbst der vorherige Verlust von p53 kann durch die Gabe von Chemotherapeutika zum Auslösen der Seneszenz führen [178].

1.5 Zielstellung

Ursächlich an der Entstehung des Zervixkarzinoms sind die humanen Papillomaviren (HPV), insbesondere die als „high-risk" (HR) eingestuften Typen 16 und 18, beteiligt. Zusätzlich zur HPV-Infektion sind genetische Veränderungen für die Tumorentstehung und Tumorprogression erforderlich.

In den genannten Vorarbeiten (Abschnitt 1.3) konnte die Lokalisation potentieller Seneszenzgene auf die Chromosomen 4 und 10 und hier insbesondere auf die Bereiche 4q35.1-qter und 10p14-p15 eingegrenzt werden. Im Rahmen dieser Arbeit sollen diese Regionen auf molekularer Ebene charakterisiert werden und mögliche Tumorsuppressorgene identifiziert werden.

Um die Expression der Gene dieser Regionen bestimmen zu können, wurde das System der Microarray-Analysen genutzt. Damit sollten die Genexpressionsprofile von schwergradigen Läsionen (CIN3) mit Zervixkarzinomen verglichen werden. Für diese Charakterisierung stand Biopsiematerial in Form von Gefrierschnitten zur Verfügung. Durch Mikrodissektion der Tumorareale bzw. Dysplasiebereiche sollte anschließend möglichst stromafreie RNA erhalten werden, die nach einer Quantifizierung und Qualitätsbestimmung auf Oligo-Microarrays hybridisiert werden sollte. In Kooperation mit einer auf Microarray-Anwendungen spezialisierten Arbeitsgruppe sollte die Hybridisierung und Auswertung erfolgen. Für die Validierung der Arrays und möglicher Kandidatengene stand die real-time RT-PCR zur Verfügung.

Um eine Aussage über die Eigenschaften der ausgewählten Gene zu treffen, sollten diese anschließend in verschiedenen primären Zellen als auch in verschiedenen Zelllinien getestet werden. Hierzu sollte die Transduktion mittels Lentiviren etabliert werden, um die möglichen Kandidatengene stabil und mit hoher Effizienz in die Zielzellen einzubringen und somit über einen längeren Zeit beobachten zu können. Ein Proliferationsassay sollte zunächst Anhaltspunkte zu den transduzierten Genen liefern, auch in Bezug zu möglichen Tumorsuppressoreigenschaften. Anschließend sollten die transduzierten Zellen weiter beobachtet und untersucht werden. Hierbei stand vor allem die Fähigkeit zur Induktion der Seneszenz im Vordergrund, für deren Nachweis die Aktivierung der Seneszenz-assoziierten β-Galactosidase genutzt werden soll.

Auf diese Weise sollten ein bis mehrere Gene auf den Chromosomen 4q35.1-qter und 10p14-p15 charakterisiert werden, die aufgrund ihrer verminderten Expression im Verlauf der Zervixkarzinogenese als Tumorsuppressorgene in Frage kommen.

Kapitel 2

Material

2.1 Geräte

Gerät	Name	Hersteller
Blot-Apparatur	Trans-Blot SD Semi-Dry Transfer Cell	BioRad, München, BRD
CO_2 Brutschrank		Forma Scientific, Marietta, USA
Cryotome	Shandon cryotome SME	Shandon, Thermo Fisher Scientific, Wilmington, USA
DNA/RNA-Crosslinker	GS Gene Linker	BioRad, München, BRD
Elektrophorese-Netzgerät	Power Pack P25	Biometra, Göttingen, BRD
Elektrophorese-Kammer	für DNA- und RNA-Gele	Boehringer-Ingelheim, Ingelheim, BRD
	für Proteingele: Mini-Protean 3 Cell	BioRad, München, BRD
Geldokumentationsanlage	DH30/32	Biostep, Jahnsorf, BRD
Hybridisierungsofen		Heraeus, Hanau, BRD
Kameras	AxioCam	Zeiss, Jena, BRD
	PowerShot A640	Canon, Krefeld, BRD
Mischgerät	Vortex-Genie2	Scientific Industries, New York, USA
Mikroskope	Axioplan 2	Zeiss, Jena, BRD
	Axiovert 25	Zeiss, Jena, BRD
	PALM MicroBeam	Zeiss, Jena, BRD
Qualitätsmessung RNA	2100 Bioanalyzer	Agilent, Böblingen, BRD
PCR-Geräte	Mastercycler Gradient	Eppendorf, Hamburg, BRD
	AB 7300SDS	Applied Biosystems, Darmstadt, BRD
pH-Meter	pH526	WTW, Weilheim, BRD
Phosphoimager	BAS Reader-2500	Raytest, Straubenhardt, BRD

Gerät	Name	Hersteller
Pipetten	10 µl, 20 µl, 100 µl, 200 µl und 1000 µl	Eppendorf, Hamburg, BRD
Schüttelapparatur	Orbital Shaker	Forma Scientific, Marietta, USA
Schwenktisch	Duomax 1030	Heidolph, Schwabach, BRD
Spektralphotometer	NanoDrop ND-1000	NanoDrop Technologies, Peqlab, Erlangen, BRD
Sterile Werkbank	SterilGard	Baker Company, Sanford, USA
Temperaturschüttler	Thermomixer comfort	Eppendorf, Hamburg, USA
Vakuumblotter	Model 785 (Northern Blot, Southern Blot)	BioRad, München, BRD
Vermessen radioaktiver Proben	Quick-Count	Bioscan, Washington, USA
Zellklammer	Cellclip für Cellspin II	Tharmac, Waldsolms, BRD
Zelltrichter, doppelt	double Cellfunnel Cellspin	Tharmac, Waldsolms, BRD
Zentrifugen	Cellspin II	Tharmac, Waldsolms, BRD
	Megafuge 1.0R	Heraeus, Hanau, BRD
	Tischzentrifuge 5417C	Eppendorf, Hamburg, BRD
	Ultrazentrifuge XL-100	Beckman, Palo Alto, USA

2.2 Verbrauchsmaterial

Material	Name/Verwendung	Hersteller
BioImager Platte	BAS SR Imaging Plate	Fujifilm, Düsseldorf, BRD
Deckgläser	24x50 mm; 24x24 mm	Menzel-Gläser, Braunschweig, BRD
Filmkassetten	X-OMAT-Kassetten	Kodak, Stuttgart, BRD
Filterkarten	für Cytospins Doppel-Zelltrichter	Tharmac, Waldsolms, BRD
Filterpapier	Whatman 3mm	Schleicher & Schuell, Dassel, BRD
Fixogum	Fixieren von Deckgläsern	Marabuwerke, Tamm, BRD
Längenmarker	100 bp Leiter Plus	Fermentas, St. Leon-Rot, BRD
Materialien Zellkultur	6 und 10 cm Schalen BD Falcon	BD Biosciences, Bedford, USA
	25 und 75 cm^2 Flaschen BD Falcon	BD Biosciences, Bedford, USA
	6 und 12 Loch-Platten BD Falcon	BD Biosciences, Bedford, USA
	Pipetten 2, 5, 10, 20 ml	Greiner Bio-One, Frickenhausen, BRD
	Einfriertubes	Greiner Bio-One, Frickenhausen, BRD
Materialien Labor	0,2; 0,5; 1 und 2 ml Reaktionsgefäße	Eppendorf, Hamburg, BRD
	15 und 50 ml Reaktionsröhrchen	Greiner Bio-One, Frickenhausen, BRD
	Pipettenspitzen verschiedener Größen	Roth, Karlsruhe, BRD
Nylonmembran	positively charged	Roche, Mannheim, BRD
Objektträger Glas	für Cytospins	Menzel-Gläser, Braunschweig, BRD
Objektträger beschichtet PALM MembraneSlides NF	für Mikrodissektion	PALM Microlaser Technology, Bernried, Germany
Tubes beschichtet: PALM AdhesiveCaps 500 opaque	für Mikrodissektion	PALM Microlaser Technology, Bernried, Germany
Phase Lock Gel Heavy	Phenolextraktion von RNA	Eppendorf, Hamburg, BRD

Material	Name/Verwendung	Hersteller
RNaseZap	RNasen Dekontaminierung	Ambion/ Applied Biosystems, Darmstadt, Germany
Röntgenfilme	für Northern Blot	Kodak, Stuttgart, BRD
	für Western Blot	Thermo Fisher Scientific, Wilmington, USA
Roti-Sicc Trockenperlen	für Transport von Gefrierschnitten	Roth, Karlsruhe, BRD
PVDF-Membran 0,45 µm Porengröße	für Western Blot	Millipore, Bedford, USA
Wachsstift	Dako Pen	Dako, Glostrup, Dänemark

2.3 verwendete Reagenzien

Reagenz	Hersteller
$[\alpha^{32}P]$-ATP	Hartmann Analytic GmbH, Braunschweig BRD
Agarose	Boehringer, Mannheim, BRD
Ampicillin	Sigma-Aldrich, Steinheim, BRD
Antibody Diluent with Background reducing components	Dako, Glostrup, Dänemark
Antikörper Actin	BD Bioscience, Heidelberg, BRD
Antikörper ArgBP2 (SORBS2) H-15	Santa Cruz Biotechnologies, Heidelberg, BRD
Antikörper TLR3 L-13, N-14, Q-18	Santa Cruz Biotechnologies, Heidelberg, BRD
Antikörper TLR3 PRS3643	Sigma-Aldrich, Steinheim, BRD
Antikörper (sekundär) IgG-FITC	Santa Cruz Biotechnologies, Heidelberg, BRD
Antikörper (sekundär) HRP-gekoppelt: Anti-Kaninchen, Anti-Ziege, Anti-Maus	Dianova, Hamburg, BRD
BES (Fluka)	Sigma-Aldrich, Steinheim, BRD
Borsäure	Roth, Karlsruhe, BRD
Bovine Serum Albumin (BSA)	Sigma-Aldrich, Steinheim, BRD
Bromphenolblau	Merck, Darmstadt, BRD
Calciumchlorid	Merck, Darmstadt, BRD
Chloramphenicol	Sigma-Aldrich, Steinheim, BRD
Chloroform	Merck, Darmstadt, BRD
Citronensäure	Merck, Darmstadt, BRD
Kresylviolet (Farbgehalt mind. 70 %)	Sigma-Aldrich, Steinheim, BRD
4',6-Diamidin-2-phenylindol (DAPI)	Sigma-Aldrich, Steinheim, BRD
Diethylpyrocarbonat (DEPC)	Sigma-Aldrich, Steinheim, BRD
Dimethylsulfoxid (DMSO)	Sigma-Aldrich, Steinheim, BRD
Dulbecco's modified minimal essential medium (D-MEM)	GIBCO BRL, Karlsruhe, BRD
Dulbecco's Phosphate buffered Saline (DPBS)	GIBCO BRL, Karlsruhe, BRD
Ethylenediaminetetraacetic Acid (EDTA)	Merck, Darmstadt, BRD
EpiLife Medium	Cascade Biologics, Portland, USA
Esel Normal-Serum	Santa Cruz Biotechnologies, Heidelberg, BRD
Ethanol 96 %	Baker, Deventer, Holland
Ethidiumbromid	Sigma-Aldrich, Steinheim, BRD
Formaldehyd	Merck, Darmstadt, BRD
Formamid	Roth, Karlsruhe, BRD
Fetales Kälberserum	Sigma-Aldrich, Steinheim, BRD
Glycerin 86 %	Sigma-Aldrich, Steinheim, BRD
Glycin	Merck, Darmstadt, BRD
Human Keratinocyte Growth Supplement	Cascade Biologics, Portland, USA
Isopropanol	Merck, Darmstadt, BRD

Reagenz	Hersteller
Kaliumhexacyanoferrat II	Sigma-Aldrich, Steinheim, BRD
Kaliumhexacyanoferrat III	Sigma-Aldrich, Steinheim, BRD
Kanamycin	Sigma-Aldrich, Steinheim, BRD
LB-Agar	Roth, Karlsruhe, BRD
LB-Medium	Roth, Karlsruhe, BRD
Magnesiumchlorid	Merck, Darmstadt, BRD
β-Mercaptoethanol	Sigma-Aldrich, Steinheim, BRD
Methanol	Baker, Deventer, Holland
Milchpulver	Roth, Karlsruhe, BRD
Morpholinopropansulfonsäure (MOPS)	Roth, Karlsruhe, BRD
Natriumchlorid	Roth, Karlsruhe, BRD
Natriumhydrogenphosphat (NaH_2PO_4)	Merck, Darmstadt, BRD
Natriumhydroxid	Merck, Darmstadt, BRD
Natriumphosphat	ICN Biomedicals, Aurora, USA
N, N-Dimethylformamid	Sigma-Aldrich, Steinheim, BRD
Paraformaldehyd	Roth, Karlsruhe, BRD
Penicillin/Streptomycin	GIBCO BRL, Karlsruhe, BRD
Phosphate buffered saline (PBS)	GIBCO BRL, Karlsruhe, BRD
Polybrene	Sigma-Aldrich, Steinheim, BRD
Puromycinhydrochlorid	Sigma-Aldrich, Steinheim, BRD
Salzsäure 37 %	Roth, Karlsruhe, BRD
Sodium dodecyl sulfate (SDS)	Roth, Karlsruhe, BRD
Tris-Hydroxymethylaminomethan (Tris)	Merck, Darmstadt, BRD
Trizol	Invitrogen, Karlsruhe, BRD
Trypsin	Invitrogen, Karlsruhe, BRD
Tween20	Sigma-Aldrich, Steinheim, BRD
Vectashield Mounting Medium	Vector Laboratories, Burlingame, USA
5-bromo-4-chloro-3-indolyl β-D-galactopyranoside (X-Gal)	Sigma-Aldrich, Steinheim, BRD
Xylen Cyanol FF	Merck, Darmstadt, BRD

2.4 Enzyme

Enzym, Mix	Hersteller
Long Expand Template PCR System	Roche, Mannheim, BRD
PowerSybrGreen MasterMix	AppliedBiosystems, Darmstadt, BRD
Restriktionsendonucleasen	New England BioLabs, Beverly, USA
SuperScript II Reverse Transcriptase	Invitrogen, Karlsruhe, BRD
Ligase	New England BioLabs, Beverly, USA

2.5 Puffer und Lösungen

Lösung	Herstellung	Menge
Trypsin-EDTA-Lösung	0,05 % Trypsin	0,5 g
	0,5M EDTA pH 8,0	4 ml
	1x PBS	ad 1 l
DNA-Gelladepuffer 5x	25 mM Tris-HCl pH 7,5 (Stock 1 M)	0,25 ml
	150 mM EDTA (Stock 0,5 M)	3 ml
	0,05 % Bromphenolblau	0,005 g
	25 % Glycerin in Wasser	2,5 ml
	dd H_2O	ad 10 ml

Lösung	Herstellung	Menge
RNA-Probenpuffer	20x MOPS	50 µl
	Formaldehyd	350 µl
	Formamid	1000 µl
MOPS-Puffer 10x	400 mM MOPS	42,85 g
	100 mM Natriumacetat	4,1 g
	10 mM EDTA	1,5 g
	dd H_2O	ad 500 ml
	mit NaOH auf pH 7 einstellen	
RNA-Gelladepuffer 5x	50 % Glycerin in dd H_2O	5 ml
	1 mM EDTA pH 8,0 (Stock 0,5 M)	0,02 ml
	0,25 % Bromphenolblau	0,25 g
	0,25 % Xylen Cyanol FF	0,25 g
	dd H_2O	ad 10 ml
Waschlösung Northern Blot	2x SSC (Stock 20x)	100 ml
	0,1 % SDS (Stock 20 %)	5 ml
	dd H_2O	ad 1 l
Paraformaldehyd-Lösung 4 %	Paraformaldehyd	4 g
	dd H_2O	ad 100 ml
	über Nacht rühren lassen	
TBS-Tween 10x	0,05 M Tris	24,2 g
	0,15 M NaCl	80 g
	0,1 % Tween20	1 ml
	dd H_2O	ad 1 l
	pH-Wert auf 7,6 einstellen	
4x Tris-HCl/SDS pH 6,8	Tris in 40 ml dd H_2O lösen	6,05 g
	pH mit HCl auf 6,8 einstellen	
	dd H_2O	ad 100 ml
	SDS	0,4 g
4x Tris-HCl/SDS pH 8,8	Tris in 300 ml dd H_2O lösen	91 g
	pH mit HCl auf 8,8 einstellen	
	dd H_2O	ad 500 ml
	SDS	2 g
SDS Protein-Probenpuffer 6x	4x Tris-HCl/SDS pH 6,8	7 ml
	Glycerin	3 ml
	SDS	1 g
	DTT	0,93 g
	Bromphenolblau	1,2 mg
SDS-Laufpuffer 5x	Tris	15 g
	Glycin	72 g
	SDS	5 g
	dd H_2O	1 l
Transferpuffer	25 mM Tris	3,1 g
	200 mM Glycin	15,01 g
	20 % Methanol	200 ml
	dd H_2O	ad 1 l
20x SSC	3 M NaCl	348 g
	0,3 M Na-Citrat	176 g
	dd H_2O	ad 1 l
BBS pH 6,95	50 mM BES	21,33 g
	280 mM NaCl (Stock 3 M)	9,33 ml
	1,5 mM Na_2HPO_4 (Stock 1,5 M)	0,1 ml
	pH mit NaOH auf 6,95 einstellen	
	dd H_2O	ad 100 ml

Lösung	Herstellung	Menge
10x TBE-Puffer	0,9 M Tris	108 g
	0,9 M Borsäure	35 g
	40 mM EDTA	1 g
	pH mit Trisbase oder Borsäure auf 8,3 einstellen	
	dd H$_2$O	ad 1 l

2.6 Biologisches Material

2.6.1 Primäre Zellen und Zelllinien

Bezeichnung	Herkunft	HPV-Status	Referenz
SiHa p9+x	Zervixkarzinom	HPV 16	Friedl et al. [60]
CaSki p17+x	Zervixkarzinom	HPV 16	Pattillo et al. [137]
HPKII p54+x bzw. p289+x	humane immortalisierte Keratinozyten	HPV 16	Dürst et al. [48]
HPKIA p83+x bzw. p359+x	humane immortalisierte Keratinozyten	HPV 16	Dürst et al. [48]
SW756 p+7+x	Zervixkarzinom	HPV 18	Friedman et al. [59]
HeLa p15+x	Zervixkarzinom	HPV 18	Gey et al. [66]; Puck et al. [144]
C4.I p4+x	Zervixkarzinom	HPV 18	Auersperg und Hawryluk [9]
C33A p12+x	Zervixkarzinom	negativ	Auersperg [8]
Fibroblasten	Primäre Zellen	negativ	
Keratinozyten	Primäre Zellen	negativ	
HEK293T p+6+x	humane embryonale Nierenzellen	negativ	Graham et al. [75]

p = population-doublings

2.6.2 Biopsiematerial

Als Biopsiematerial dienten Gefrierschnitte von schwergradigen CIN und Zervixkarzinomen zur Mikrodissektion und RNA-Isolierung.

2.7 Kits

Kit	Anwendung	Anbieter
Nucleo-Spin Plasmid	DNA-Plasmid-Isolierung im Mini-Format	Macherey-Nagel, Düren, BRD
Nucleo-Bond Xtra Midi	DNA-Plasmid-Isolierung im Midi-Format	Macherey-Nagel, Düren, BRD
Zymoclean Gel DNA Recovery Kit	Isolierung von DNA aus Agarosegelen	Zymo Research, Orange, USA
PCR-Kombi-Kit	Aufreinigung von DNA	SeqLab, Göttingen, BRD
RNeasy Micro Kit	RNA-Isolierung	Qiagen, Hilden, BRD
Nucleo-Spin RNA-II Kit	RNA-Isolierung	Macherey-Nagel, Düren, BRD
Random primed DNA Labeling Kit	Markierung von DNA	Roche, Mannheim, BRD
Z-Competent *E. coli* Transformation Kit	Herstellung kompetenter *E. coli*	Zymo Research, Orange, USA

Kit	Anwendung	Anbieter
CellTiter 96 (R) Non-Radioactive Cell Proliferation Assay	MTT-Assay	Promega, Madison, USA
ECL Plus Western Blotting Detection System	Western Blot Detektion	GE Healthcare, Buckinghamshire, UK
SuperSignal West Pico Chemiluminescent Substrate	Western Blot Detektion	Thermo Fisher Scientific, Rockford, USA

2.8 Oligonucleotide

Die Sequenzen der Oligonucleotid-Primer für die real-time RT-PCR wurden mit dem Programm PrimerExpress Ver. 2.0 (AppliedBiosystems) ermittelt. Das Programm PerlPrimer V1.1.14 (freie Software) wurde für die Generierung der übrigen Oligonucleotid-Primer herangezogen. Die Herstellung der Primer erfolgte durch die Firmen Thermohybaid, Ulm, BRD und Sigma, Deisenhofen, BRD. Die Sequenzen der Primer sind im Anhang 6 tabellarisch, entsprechend ihrer Verwendung, aufgeführt.

2.9 Plasmide

Zur Generierung von cDNA wurde auf die Plasmide von ImaGenes (ehemaliges RZPD, Berlin, BRD) und weitere vorhandene Konstrukte zurück gegriffen (Tabelle 7.1). Die ausgewählten Plasmide waren Volllängen cDNA-Klone, die mittels der Datenbank von Ensembl auf die Vollständigkeit ihres ORF überprüft wurden. Nach dem Erhalt der Plasmide wurden diese sequenziert, um die Vollständigkeit und Richtigkeit der Sequenz zu gewährleisten.

In Vorarbeiten zur Sequenzierung von PCR-Produkten wurden diese zunächst in den pJet1.2/blunt Vektor kloniert (CloneJet (R) PCR Cloning Kit von Fermentas, Burlington, Canada) (Abbildung 7.1).

Für die retroviralen Versuche wurden die Vektoren pCDH, pMDL, pRSV und pVSV-G eingesetzt. Bei pCDH-CMV-MCS-EF1-Puro (R) handelt es sich um einen HIV-basierten cDNA Cloning Lentivector (Sy-stem Biosciences, Mountain View, USA) für eine stabile Expression in Säugerzellen (Abbildung 7.2). Die anderen drei Plasmide enthalten die für die Herstellung von Lentiviren wichtigen Verpackungsgene (Abbildungen 7.3, 7.4 und 7.5).

2.10 Sequenzierung und Datenbankrecherche

Zur Überprüfung der ImaGenes Klone und später der daraus resultierenden PCR-Produkte wurde der Sequenzier-Service von Seqlab (Göttingen, BRD) in Anspruch genommen.

Für die Überprüfung der Sequenzierergebnisse sowie der generierten Oligonucleotide (Abschnitt 2.8) wurden die verschiedenen BLAST-Programme von NCBI genutzt (http://www.ncbi.nlm.nih.gov) sowie das Programm Gentle verwendet.

Kapitel 3

Methoden

3.1 Arbeiten mit Prokaryoten

3.1.1 Kultivierung von Prokaryoten

Tabelle 3.1: Verwendete Techniken zur Kultivierung von *E. coli* und deren Anwendung in dieser Arbeit

Kultur	Herstellung	Verwendung
Plattenkultur	Ausstreichen von 40-100 µl einer Zellsuspension auf einer Agar-Platte und Inkubation bei 37 °C über Nacht	Nach *E. coli*-Transformation: Vereinzelung und Selektion von Bakterienkolonien
Übernacht-Kultur	steriles Animpfen von 3-5 ml LB-Medium mit Einzelkolonien einer Plattenkultur oder mit Glycerinkulturen; schütteln bei 37 °C über Nacht	Gewinnung von Plasmid-DNA im analytischen Maßstab; Vorkultur für Großkultur
Großkultur	Überimpfen einer Vorkultur in 100-200 ml LB-Medium; schütteln bei 37 °C bis die gewünschte optische Dichte erreicht ist	Plasmidgewinnung
Glycerin-Kultur	Aliquot einer Schüttelkultur mit 50 % Glycerin versetzen im Verhältnis 3:2, mischen und bei - 80 °C lagern	Längerfristige Aufbewahrung von *E. coli*-Stock-Kulturen bei - 80 °C

Tabelle 3.2: Verwendete *E. coli*-Stämme und ihre Eigenschaften

Stamm	Eigenschaft	Verwendung
Stbl3	F- mcrB mrr hsdS20 (rB-, mB-) recA13 supE44 ara-14 galK2 lacY1 proA2 rpsL20 (Str) xyl-5 λ- leu mtl-1r	Klonierung, DNA-Gewinnung
XL1-blue	recA1 endA1 gyrA96 thi-1 hsdR17 supE44 relA1 lac [F´ proAB lacIqZΔM15 Tn10 (Tet^r)]	Klonierung, DNA-Gewinnung

Nach der Transformation von *E. coli* (Tabelle 3.2) mit den entsprechenden Plasmid-Konstrukten wurde ca. 100 µl Zellsuspension auf Ampicillin-haltigen (100 µg/ml) Agar-Platten ausgestrichen und bei 37 °C über Nacht inkubiert. Anschließend wurden mehrere Kolonien gepickt und in jeweils 5 ml LB-Medium mit Ampicillin (100 µg/ml) überführt. Nach einer über-Nacht-Kultivierung bei 37 °C und leichtem Schütteln konnte eine Plasmidisolierung mit anschließendem Restriktionsverdau zur Überprüfung positiver Plasmid-Konstrukte durchgeführt werden (Abschnitt 3.6.3). Positive Klone wurden anschließend in einer Großkultur angesetzt und Glycerinkulturen konnten angelegt werden.

3.1.2 Transformation von *E. coli*

Nach dem Auftauen von 100 µl kompetenten *E. coli* auf Eis wurden 5 µl Ligationsansatz zugegeben, vorsichtig gemischt und anschließend für 30 min auf Eis inkubiert. Da Plasmide mit einer Ampicillin-Resistenz verwendet wurden, war eine Vorkultivierung nicht nötig. Auf einen Hitzeschock der Bakterien konnte verzichtet werden, da diese mit einem speziellen Kit von Zymo (Z-Competent *E. coli* Transformation Kit) behandelt wurden. Die Bakteriensuspension wurde auf eine Agar-Platte mit Ampicillin ausplattiert und über Nacht bei 37 °C kultiviert. Nach dem Übertrag von 5-10 Einzelkolonien in jeweils 5 ml LB-Medium mit Selektionsmarker und der Anzucht über Nacht, erfolgte die Aufreinigung der Plasmide und deren Überprüfung mittels Restriktionsverdau. Positive Klone wurden anschließend sequenziert und bei korrekter Sequenz zur Plasmidgewinnung im Midi-Maßstab (Großkulturen) angeimpft.

3.2 Mikrodissektion

3.2.1 Vorbereitung der Gefrierschnitte und Färbung

Ausgewählte Gewebe von CIN3 und Zervixkarzinomen wurden für die Anfertigung von Gefrierschnitten herangezogen. Folgende Auswahlkriterien wurden zugrunde gelegt: möglichst größere zusammenhängende Tumorareale, wenig Lymphozyteninfiltrationen in den Tumorarealen und gut vom umliegenden Stroma abgegrenzte Tumorbereiche. Die Beurteilung erfolgte anhand von Probeschnitten der einzelnen Gewebeblöcke mit einer anschließenden HE-Färbung bzw. Immunhistochemie für p16, Ki67 (bei CIN) und Marker für Lymphozyten (CD4, CD8, CD56).

12-15 µm dicke Gefrierschnitte wurden in einem Shandon Gefriermicrotom bei - 20 °C angefertigt. Um die RNA vor RNasen zu schützen, wurden alle verwendeten Instrumente vor ihrer Benutzung mit RNaseZAP behandelt und anschließend mit DEPC-Wasser abgespült. Die Gefrierschnitte wurden auf vorgekühlten PALM MembraneSlides NF platziert, die vorher 30 min mit UV-Licht behandelt wurden, um sie haftfähiger zu machen. Die Gefrierschnitte wurden anschließend auf einer ca. 40 °C warmen Thermoplatte getrocknet, um die RNA vor Feuchtigkeit zu schützen. Die Gewebeproben sind für die Lagerung bei - 80 °C in Tissue-Tek eingebettet. Dies stört bei der Lasermikrodissektion die Effizienz des Lasers und muss daher vorher entfernt werden. Dazu wurden die Objektträger mit den Schnitten kurz in 70 % Ethanol gewaschen und auf der Thermoplatte getrocknet. Auf jedem PALM MembraneSlide befanden sich 3 bis 8 Zervixkarzinom- bzw. 9 bis 15 CIN3-Gefrierschnitte. Die Schnitte wurden in Reihe angefertigt und auf die Objektträger platziert. Parallel dazu wurden weitere Schnitte für eine HE-Schnellfärbung sowie für die Immunhistochemie mit den oben erwähnten Markern angefertigt (Tabelle 3.3).

Tabelle 3.3: HE-Schnellfärbung von Gefrierschnitten

Lösung	Zweck	Dauer
Methanol	Fixierung	1 min
Wasser	spülen	kurz schwenken
Haematoxilin	blaue Kernfärbung	1 min
Wasser	spülen	kurz schwenken
Eosin	rötliche Plasmafärbung	1 min
Wasser	spülen	kurz schwenken
trocknen bei RT		

3.2.2 Mikrodissektion am PALM MicroBeam

Die Gefrierschnitte wurden jeweils frisch am Tag der Mikrodissektion angefertigt und erst kurz vor der Mikrodissektion gefärbt. Hierzu wurde eine 1 %-ige Kresylviolett-Lösung verwendet. Dazu wurde 1 mg Kresylviolett Pulver in 100 ml 96 % Ethanol über Nacht gerührt und am nächsten Tag filtriert. Die Objektträger wurden 1 min in der Kresylviolett-Lösung inkubiert und die Färbung anschließend mit 70 %-igem Ethanol differenziert. Wenn die gewünschte Farbintensität erreicht war und die einzelnen Gewebeareale gut zu unterscheiden waren, wurden die Schnitte auf der Heizplatte bei ca. 40 °C getrocknet.

Für die Mikrodissektion der Tumor- bzw. dysplastischen Areale wurde das PALM MicroBeam verwendet. Es ist ein lasergestütztes System zur Mikromanipulation. Ein am Bildschirm markierter Bereich wird mit einem Laser geschnitten und kann anschließend mittels eines weiteren Laserstrahls gegen die Schwerkraft in ein präpariertes Gefäß transportiert werden. Für das Auffangen der Fragmente wurden PALM AdhesiveCaps 500 opaque verwendet. Die Einstellungen des Lasers richten sich nach der Art und Dicke der zu schneidenden Probe und ist zudem geräteabhängig. Es sollte darauf geachtet werden, dass sich der Laserstrahl im Focus der Probe befindet und dadurch ein materialsparendes und schnelles Schneiden des Gewebes gewährleistet wird. Für den Laserstrahl sollte so wenig Energie wie möglich eingestellt werden, um die Probe nicht zu erhitzen und die RNA dadurch zu schädigen. Die mikrodissektierten Proben wurden anschließend in 400-500 µl TRIzol Reagenz aufgenommen und bis zur weiteren Bearbeitung bei - 80 °C gelagert.

3.3 Microarrays

Es wurden Agilent Whole Human Genome Oligo Microarrays 4 x 44K für die Analyse des Transkriptoms verwendet. Die RNA-Qualitätsmessung sowie die Hybridisierung der Proben auf die Arrays wurden von einem Kooperationspartner (Institut für Vaskuläre Medizin, Universitätsklinikum Jena) durchgeführt.

Mit den Arrays können 41.000 Gene und Transkripte nachgewiesen werden. Jedes Gen wird durch eine 60-mer Sonde repräsentiert. Zusätzlich gibt es noch 75 ausgewählte Sonden, die in jedem einzelnen Array 10-mal vorhanden sind und als interne Kontrolle dienen. Jeder Objektträger enthält vier 44K Microarrays (Abbildung 3.1), dadurch werden pro Array-Hybridisierung nur noch 200 ng Gesamt-RNA benötigt gegenüber früheren Arrayformaten.

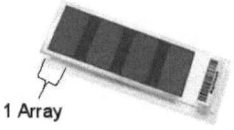

1 Array

Abbildung 3.1: Abbildung eines Agilent Whole Human Genome Oligo Microarray 4 x 44K (Abbildung modifiziert nach Agilent (www.chem.agilent.com))

3.3.1 Qualitätsbestimmung der RNA

Für die Überprüfung der RNA-Qualität wurde der 2100 Bioanalyzer von Agilent mit dem dazugehörigen Agilent RNA 6000 Nano Kit verwendet und nach dem Protokoll der Hersteller verfahren. Hierzu wurden jeweils 1 µl der isolierten RNA benötigt, die für eine optimale Analyse eine Konzentration zwischen 5 ng und 500 ng haben sollte. Das Gerät zeichnet sich durch eine miniaturisierte Kapillarelektrophorese mit Durchlaufzeiten von 30 min aus. Die RNA wird dabei elektrophoretisch aufgetrennt und fluorometrisch detektiert (Abbildung 3.2). Durch das erhaltene Elektropherogramm und die Gerätesoftware (Agilent Expert 2100) kann die Qualität der RNA errechnet werden. Die RNA-Qualität wird durch die RNA-Integrity Number (RIN) ausgedrückt. Die RIN kann zwischen 1 (vollständig degradierte RNA) und 10 (intakte RNA ohne Degradierung) liegen [157].

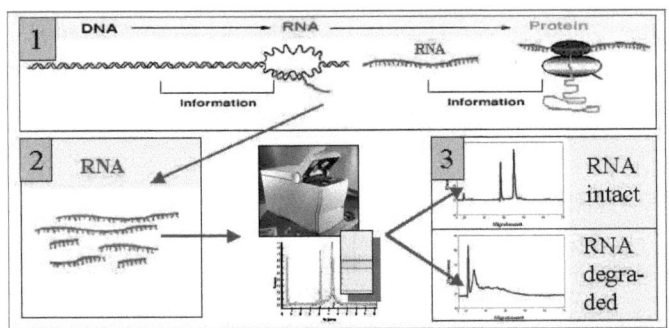

Abbildung 3.2: Schematischer Ablauf der RIN-Bestimmung: (1) zeigt die Rolle der RNA in der Zelle als Informationsträger während der Genexpression; (2) nach der RNA Isolation kann sowohl die Qualität als auch die Quantität der RNA mit dem Agilent Bioanalyzer 2100 gemessen werden; (3) Bestimmung der RNA-Qualität durch die Detektion der unterschiedlichen RNA-Größen in den Proben (Abbildung aus [157]).

3.3.2 Probenvorbereitung und Hybridisierung

Nach der Qualitätsbestimmung der RNA (Abschnitt 3.3.1) und Erhalt der RIN-Werte wurden die zu hybridisierenden Proben ausgewählt und konnten nach den Herstellerangaben weiter bearbeitet werden (Abbildung 3.3). Die ausgewählten Proben hatten RIN-Werte zwischen 4,3 und 7,7.

Für die Array-Hybridisierung wurden schließlich 12 CIN3 und 11 CxCa ausgewählt. Für weitere Kontrollen wurden bestimmte CxCa-Proben zweifach mittels der Arrays analysiert.

Die Markierung der cRNA erfolgte mit Cyanine 3-CTP. Cyanine 3 ist ein rot fluoreszierender Farbstoff, der sein Extiktionsmaximum bei 550 nm und sein Emissionsmaximum bei 570 nm hat. Das weitere Vorgehen erfolgte nach den Angaben des Herstellers.

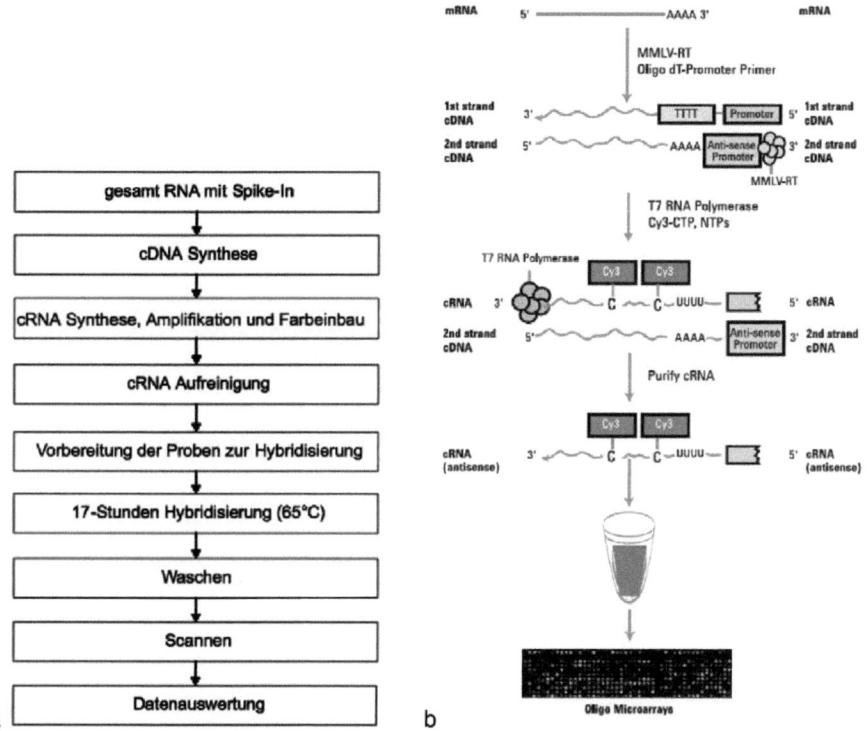

Abbildung 3.3: Arbeitsablauf für die Probenvorbereitung und die Array-Bearbeitung; a) Arbeitsablauf von der Gesamt-RNA bis zur Datenauswertung; b) Amplifikation und Markierung der cRNA (Abbildungen modifiziert nach Agilent [1])

3.3.3 Auswertung der Arrays

Die Qualitätskontrolle wurde mittels Feature Extraction Software von Agilent durchgeführt. Hierbei wurden z.B. Hintergrundsignale entfernt und Ausreißer aussortiert. Für die Bestimmung des Hintergrundes wurden alle Hintergrundsignale des gesamten Chips gemittelt und daraufhin die Signalwerte festgelegt. Die Software rechnete des Weiteren Ausreißer heraus, die nicht die üblichen Fluoreszenzsignale aufwiesen. Zu den aussortierten Signalen zählen zum Beispiel gesättigte Signalpunkte (saturated features), die extrem stark leuchten und zu denen keine eindeutige Aussage über die Expressionsmenge des Transkripts getroffen werden kann. Non-uniform Spots sind Signale, die nicht rund sind (z.B. halbmondförmig) und auf ein technisches Problem wie Lufteinschlüsse während der Hybridisierung hinweisen. Anschließend konnte ein Cut-off festgelegt werden. Nach der Ermittlung des Datenrohwertes wurden alle Gene mit einem Expressionswert über 20 als exprimiert angesehen und mit diesen Genen wurden die weiteren Analysen durchgeführt. Alle Genexpressionswerte wurden auf den Median normalisiert. Das heißt, für Gen X wird der Median des Expressionswertes über alle gemessenen Arrays bestimmt und dieser dann auf 1 gesetzt. Alle anderen Werte der Expressionsmessungen auf den verbleibenden Arrays wurden entsprechend angepasst. In der Qualitätskontrolle der Arrays wurde durch die Software den Spots bzw. Signalen die Gene zugeordnet. Des Weiteren sollten die Expressionsniveaus zwischen den Arrays nicht zu unterschiedlich sein, um eine optimale Auswertung der Arrays zu gewährleisten.

Die Analysen der exprimierten Gene wurden mit der Software GeneSpring von Agilent ausgewertet. Um die beiden Kollektive der CIN3 und CxCa zu vergleichen, wurde ein Welch T-Test für die Gene durchgeführt, die als exprimiert angesehen wurden. Jedem Gen wurde ein p-Value zugeordnet, der angibt, wie zuverlässig die Aussage ist, dass das entsprechende Gen von CIN3 zum CxCa herab reguliert ist. Je kleiner der p-Value ist, um so höher ist die statistische Sicherheit. Nur Gene mit einem p-Value von <0,05 wurden in die weiteren Analysen mit aufgenommen.

Zu Beginn der Datenanalysen wurde nach dem T-Test eine Korrektur für multiples Testen nach Benjamini und Hochberg [14] mit durchgeführt. Hierbei wurden alle vorangegangenen Ergebnisse aus dem T-Test mit einem Faktor multipliziert, der von der zu testenden Genmenge abhängig war. Es entspricht einem Werten der einzelnen Ergebnisse nach ihrer statistischen Aussage ("ranking"). In die Testung flossen für die Betrachtung des Gesamtgenoms 27.647 Gene ein.

3.4 PCR

Die Polymerase-Kettenreaktion (PCR, polymerase chain reaction) ist ein enzymgestütztes Amplifikationsverfahren für Nucleinsäuren. Die DNA-Polymerase vervielfältigt exponentiell ein DNA-Fragment zwischen zwei Primerbindestellen. Dabei wird die 3'-OH-Gruppe der Primer als Startpunkt der DNA-Neusynthese genutzt. Die einzelnen Schritte der PCR umfassen Denaturierung der DNA-Doppelstränge, Annealing der Primer an den komplementären Strang und Elongation des gebundenen Primers. Dieser Zyklus kann beliebig oft wiederholt werden. Im Idealfall liegt nach jedem Amplifizierungsschritt die doppelte DNA-Menge vor. Nach n Zyklen von N Ausgangsmolekülen liegen $N = (2^n - 2n) \cdot N_0$ Kopien vor.

3.4.1 Real-time PCR

Zur Validierung der Microarray Daten und zur Überprüfung der Expression der ausgewählten Gene in verschiedenen Zelllinien wurde die quantitative real-time PCR eingesetzt. Die

Quantifizierung der PCR-Produkte lässt sich durch einen in der PCR mitgeführten Fluoreszenzfarbstoff (meist SybrGreen = grün fluoreszierend) in der exponentiellen Phase der PCR vornehmen.

Der PCR-Ansatz in Tabelle 3.4 wurde zunächst als Mastermix für die entsprechende Probenanzahl ohne cDNA auf Eis zusammen pipettiert, anschließend in Mikrotitterplatten verteilt und die cDNA hinzu gegeben. Es folgte die Inkubation in einem real-time PCR-Gerät ABI 7300 SDS unter den Bedingungen in Tabelle 3.5. Die Annealing-Temperaturen der verwendeten Primer sind aus Tabelle 6.1 zu entnehmen.

Tabelle 3.4: PCR-Ansatz für die real-time PCR für Reaktionen mit einem Volumen von 25 µl

Komponente	End-Konzentration	Volumen
2x PowerSybrGreen Mix	1x	12,5 µl
Primer Forward (10 µM)	200 nM	1 µl
Primer Reverse (10 µM)	200 nM	1 µl
cDNA (5 ng/µl)	5,5 ng	1,1 µl
dd H_2O		9,4 µl

Tabelle 3.5: Geräte-Bedingungen für die real-time PCR

	Temperatur	Zeit	Zyklen
Initiale Denaturierung	95 °C	10 min	1
Denaturierung	95 °C	15 sec	40
Annealing	Primer abhängig	20 sec	
Elongation	72 °C	40 sec	
Denaturierung	95 °C	15 sec	1 (Schmelz-
Melting	60 °C - 95 °C in 0,5 °C Schritten	je Schritt 30 sec	Kurve)

Die Auswertung der PCR-Läufe erfolgte mit der 7300 SDS Software von Applied Biosystems. Es wurde der PowerSybrGreen Master Mix von AppliedBiosystems verwendet, der den unspezifisch in dsDNA interkalierenden, grünen Fluoreszenzfarbstoff enthält und damit eine Echtzeitdetektion der amplifizierten PCR-Produkte ermöglicht. Nach dem letzten PCR-Zyklus wurde eine Schmelzkurven-Bestimmung angefügt, um entstandene unspezifische Produkte und Primer-Dimere erkennen zu können. Der Threshold für die ct-Bestimmung wurde in der exponentiellen Phase der PCR angelegt.

Für die Normalisierung der real-time PCR Ergebnisse wurden die Expressionen der drei "Housekeeping-Gene" (HKG) GAPDH, HPRT und β-Actin herangezogen, die durch die Methode von Vandesompele *et al.* [170] identifiziert wurden. Zur Analyse der real-time PCR Daten wurde REST (relative expression software tool) [141] verwendet.

3.4.2 Long Expand Template PCR

Die Amplifikation der "Open Reading Frames" (ORFs, offene Leseraster) aus den ImaGenes Klonen erfolgte mit dem Long Expand Template PCR-System (Roche). Neben der thermostabilen Taq Polymerase enthält der Enzymmix auch eine Tgo DNA Polymerase mit einer 3'-5' Exonuclease-Aktivität ("Proofreading"). Somit lassen sich auch größere DNA-Fragmente effizient amplifizieren.

Der PCR-Ansatz in Tabelle 3.6 wurde zunächst auf Eis zusammen pipettiert und anschließend in einem Thermocycler unter den in Tabelle 3.7 genannten Bedingungen inkubiert. In Tabelle 6.4 sind die einzelnen PCR-Bedingungen für die amplifizierten Gene aufgeführt. Nach dem PCR-Lauf wurden die Proben komplett auf ein 1 %-iges Agarosegel aufgetragen und die Bande in der entsprechenden Laufhöhe ausgeschnitten und aufgereinigt.

Tabelle 3.6: PCR-Ansatz für die Expand Long Template PCR

Komponente	End-Konzentration	Volumen
dNTP's (10 mM)	350 µM	1,75 µl
Primer Forward (10 µM)	300 nM	1,5 µl
Primer Reverse (10 µM)	300 nM	1,5 µl
10x Puffer 1	1x	5 µl
Plasmid-DNA (5 ng/µl)	10 ng	2 µl
Enzym-Mix (5 U/µl)	3,75 U	0,75 µl
dd H$_2$O		ad 50 µl

Tabelle 3.7: Geräte-Bedingungen für den Expand Long Template PCR-Ansatz

	Temperatur	Zeit	Zyklus
Initiale Denaturierung	94 °C	2 min	1
Denaturierung	94 °C	10 sec	10
Annealing	Primer abhängig	30 sec	
Elongation	68 °C	2 min (bis 3 kb) bzw. 4 min (bis 6 kb)	
Denaturierung	94 °C	15 sec	20
Annealing	65 °C	30 sec	
Elongation	68 °C	2 min bzw. 4 min + 20 sec in jedem Zyklus	
Finale Elongation	68 °C	7 min	1
Cooling	4 °C	∞	

3.5 Arbeiten mit RNA

3.5.1 Isolierung von Gesamt-RNA aus Gefrierschnitten

Die RNA wurde je nach Fragestellung aus mikrodissektierten oder kompletten Gefrierschnitten gewonnen (Abschnitt 3.2).

Die Gewebeteile von mikrodissektiertem Material wurden in 400 µl Trizol, die Gesamtschnitte in 800 µl Trizol aufgenommen. Anschließend wurden die Proben so lange gemischt bis sich alle Gewebeteile in Trizol aufgelöst hatten. Nach der Zugabe von einem Drittel Volumenanteil Chloroform wurden die zwei Phasen kräftig geschüttelt. Die RNA befand sich anschließend in der wässrigen Phase. Um die beiden Phasen sauber zu trennen, wurde das Phase Lock Gel (PLG) Heavy von Eppendorf verwendet. Dadurch konnten Verunreinigungen durch Proteine in der Interphase verhindert werden. Die Trizol-Chloroform-Mischung wurde in vorzentrifugierte (1 min, 14.000 rpm) 2 ml-PLG Heavy-Gefäße überführt und anschließend 20 min bei 4 °C und 14.000 rpm zentrifugiert. Die wässrige Phase befindet sich über dem Gel, während die organische Phase durch das Gel im Gefäß eingeschlossen ist. Nach der Überführung der wässrigen Phase in ein neues Reaktionsgefäß wurde die gleiche Menge 96 %-iger Ethanol hinzugegeben und gemischt. Für die weitere RNA-Aufarbeitung wurde der RNeasy Micro Kit von Qiagen verwendet und das vorgegebene Protokoll angewendet. Es wurde ein 30-minütiger DNase-Verdau durchgeführt, um alle DNA-Bestandteile in der Probe zu eliminieren. Die RNA wurde mit 14 µl RNase-freiem Wasser eluiert und vor der Zentrifugation 5 min bei RT inkubiert. Die isolierte RNA wurde anschließend bei - 80 °C gelagert.

3.5.2 Isolierung von Gesamt-RNA aus Zelllinien

Die Zellen wurden in einer 75 cm^2-Flasche kultiviert und bei Erreichen der Konfluenz geerntet (Abschnitt 3.7.1). Zunächst wurden die Zellen pelletiert, anschließend in 1 ml PBS aufgenommen, in ein 1,5 ml Reaktionsgefäß überführt und erneut abzentrifugiert. Nach dem Entfernen des PBS wurden die Zellen in 350 µl RA1-Puffer mit 3,5 µl β-Mercaptoethanol resuspendiert und anschließend bei - 80 °C bis zur Aufarbeitung gelagert.

Für die Isolierung von Gesamt-RNA wurde der Nucleo-Spin RNA-II Kit (Macherey-Nagel) verwendet. Es wurde ein 15-minütiger DNase-Verdau bei RT durchgeführt. Die RNA wurde mit Wasser eluiert und vor der Zentrifugation ca. 3 min inkubiert. Die isolierte RNA wurde anschließend bei - 80 °C gelagert.

3.5.3 Konzentrationsbestimmung der RNA

Die extrahierte RNA (Abschnitte 3.5.1 und 3.5.2) wurde spektrophotometrisch vermessen (NanoDrop 1000). Für die Konzentrationsbestimmung wurde ca. 1 µl der unverdünnten RNA-Lösung auf das Messfeld aufgetropft. Die Lichtabsorption der RNA liegt bei λ = 260 nm und die optische Dichte (O.D.) der Lösung wird bei dieser Wellenlänge bestimmt. Verunreinigungen durch Proteine werden bei einer Wellenlänge von λ = 280 nm gemessen und durch den Quotienten A_{260} / A_{280} bestimmt. Dieser liegt bei einer sauberen RNA-Lösung zwischen 1,8 und 2,1. Ein Wert von A_{260} = 1 entspricht einer Konzentration an RNA von c = 40 ng/µl. Daraus ergibt sich folgende Gleichung zur Bestimmung der RNA-Konzentration in einer unverdünnten Lösung:

$$c\ [ng/\mu l] = A_{260} \times 40$$

3.5.4 Reverse Transkription

Für die Reverse Transkription wurden poly-dT Primer (CDS Primer) verwendet, wodurch nur prozessierte mRNA mit intaktem polyA$^+$ 3'-Ende in cDNA umgeschrieben wurde. Nach der Herstellung des Master-Mix 1 (Tabelle 3.8) wird dieser 10 min bei 70 °C denaturiert und anschließend auf Eis für ca. 10 min abgekühlt. Nach der Zusammenstellung des Master-Mix 2 (Tabelle 3.8) wurde dieser auf 42 °C erwärmt und anschließend mit Master-Mix 1 kombiniert. Die Reverse Transkription wurde in einem Gesamtvolumen von 40 µl 1 h bei 42 °C durchgeführt und anschließend zur Inaktivierung der Polymerase für 10 min auf 70 °C erhitzt. Die Lagerung erfolgte bei - 20 °C.

Tabelle 3.8: Ansatz für die Reverse Transkription

Master-Mix 1		
Komponente	Konzentration	Menge
CDS Primer	10 µM	2 µl
dNTP's	10 mM	2 µl
RNA	200 ng	x µl
dd H$_2$O		ad 25 µl

Master-Mix 2		
Komponente	Konzentration	Menge
5x Puffer	1x	8 µl
DTT	0,1 M	4 µl
RNaseOut		0,5 µl
dd H$_2$O		1,5 µl
SuperScriptII	200 U	1 µl

3.5.5 Northern Blot

Für den Nachweis spezifischer RNA-Sequenzen wurde die Methode des Northern Blot [4] eingesetzt. Hierzu wird zunächst isolierte Gesamt-RNA mittels Gelelektrophorese aufgetrennt und auf eine positiv geladene Nylon-Membran geblottet. Mit der Hybridisierung spezifischer, RNA-komplementärer DNA-Sonden können dann die RNA-Spezies nachgewiesen werden. Die DNA-Sonde wurde mittels random Priming und radioaktivem dATP (α^{32}P) markiert. Nach einer stringenten Waschung und dem Auflegen eines Röntgenfilms, lassen sich die spezifisch markierten Banden darstellen.

Für die Gelelektrophorese wurden 5 µg der zuvor isolierten Gesamt-RNA (Abschnitt 3.5.2) in 5 µl RNase-freiem Aqua dest. eingesetzt, mit 15 µl RNA-Laufpuffer vermischt und für 10 min bei 65 °C erhitzt. Anschließend wurden die Proben auf Eis gestellt, mit 4 µl 5x RNA-Gelladepuffer versetzt und auf ein 1 %-iges Agarosegel aufgetragen, das mit 1x MOPS-Puffer hergestellt wurde. Der Laufpuffer ist ebenfalls 1x MOPS-Puffer. Um eine gute Auftrennung der RNA zu erhalten, empfiehlt es sich, den Lauf bei einer geringen Voltzahl und einer längeren Laufzeit durchzuführen. Anschließend wird das Gel photographiert und die Banden der 18S, 28S und 5S rRNA markiert.

Vor dem Blotten wird das Gel 3x für jeweils 15 min in 10x SSC gewaschen. Die Nylonmembran wird zunächst zugeschnitten, angefeuchtet und 15 min in 10x SSC äquilibriert. Anschließend wird die Blot-Apparatur mit einer Lage Filterpapier (mit RNase-freiem Aqua bidest angefeuchtet), der Membran und dem Gel zusammengesetzt. Darüber wird eine Klarsichtfolie gespannt und für ca. 1 h bei 5 mm Hg-Säule geblottet. Nach der RNA-Übertragung auf die Membran wird diese in 2x SSC 10 min gewaschen und die RNA mittels UV-Strahlung auf der Membran immobilisiert.

Zur Absättigung unspezifischer Bindungen erfolgte eine Vorhybridisierung mit Hefe-tRNA bei 42 °C im Hybridisierungsofen über Nacht. Zunächst wurden die Lösungen 1 und 2 getrennt angesetzt und nach Fertigstellung vereinigt (Tabelle 3.9). Die fertige Lösung wurde zusammen mit der Membran in eine Hybridisierungsröhre gegeben.

Tabelle 3.9: Ansätze für die Vorhybridisierungslösung; 10 ml für 100 ml bzw. 20 ml für 200 ml Hybridisierungsröhren

	Lösung 1				
Volumen	100 % Formamid	t-RNA 10 mg/ml	5 min warten	10 % SDS
10 ml	5 ml	0,1 ml		1 ml
20 ml	10 ml	0,2 ml		2 ml

	Lösung 2			
Volumen	20x SSC	50x Denhardt	1 M NaPP	dd H_2O
10 ml	2,5 ml	0,2 ml	0,5 ml	0,7 ml
20 ml	5 ml	0,4 ml	1 ml	1,4 ml

Für die Sondenherstellung wurde zuvor mittels Restriktionsspaltung das Insert aus dem entsprechenden Plasmid isoliert. 25-50 ng Insert-DNA werden auf 11,5 µl Gesamtvolumen mit Aqua bidest aufgefüllt, für 10 min auf 99 °C erhitzt und anschließend in Eiswasser abgekühlt. Für die random Priming-Reaktion wurde folgender Ansatz hergestellt und anschließend bei 37 °C für 30 min inkubiert:

Tabelle 3.10: Ansatz für random Priming-Reaktion

Komponente	Menge
DNA	11,5 µl
dCTP	1 µl
dGTP	1 µl
dTTP	1 µl
Hexanucleotid	2 µl
Kleenow-Enzym	1 µl
α^{32}PdATP	2,5 µl

Für die Abtrennung nicht eingebauter Nucleotide erfolgte ein Aufreinigungsschritt mittels G-50 Sephadex Säulen von Roche. Um die Effizienz des Einbaus zu überprüfen, wurde die Probe auf ihre Radioaktivität hin vermessen. Anschließend wurden die Komponenten 1 und 2 für die Hybrisierungslöung angesetzt (Tabelle 3.11). Die Hybridisierung der Membran mit der Sonde erfolgte für 2-3 Tage bei 42 °C im Hybridisierungsofen.

Tabelle 3.11: Ansätze für die Hybridisierungslösung

	Lösung 1					
Volumen	100 % Formamid	t-RNA 10 mg/ml	^{32}P-DNA	5min warten		10 % SDS
5 ml	2,5 ml	0,05 ml	X			0,5 ml
10 ml	5 ml	0,1 ml	X			1 ml
	Lösung 2					
Volumen	20x SSC	50x Denhardt	1 M NaPP	dd H$_2$O minus DNA-Menge (Lösung 1)		
5 ml	1,25 ml	0,1 ml	0,1 ml	0,5 ml - X		
10 ml	2,5 ml	0,2 ml	0,2 ml	1 ml - X		

Danach wurde die Membran 3x 30 min in Waschpuffer NB bei 68 °C stringent gewaschen und bei - 80 °C auf Röntgenfilmen zwischen 24 h und 4 Wochen exponiert.

3.6 Arbeiten mit DNA

3.6.1 Klonierung von PCR-Produkten

Für die Klonierung von PCR-Produkten wurde mit dem CloneJET PCR Cloning Kit von Fermentas (Abbildung 7.1) gearbeitet. Der Vektor pJET1.2 liegt linearisiert mit blunt-Enden vor. pJET1.2 enthält ein letales Restriktionsenzym-Gen, das durch eine erfolgreiche Ligation von DNA in die Klonierungsstelle unterbrochen wird. Somit können nur die Zellen wachsen, die ein rekombinantes Plasmid tragen. Dieses System wurde gewählt, um die PCR-Fragmente in einem Vektor zu sichern und um für die anschließende Sequenzierung eine größere Menge der DNA-Fragmente vorliegen zu haben.

Die verwendeten PCR-Produkte wurden vor der Klonierung über ein Agarosegel aufgereinigt (Seqlab Kit). Für die Ligation wurde folgender Ansatz pipettiert (Tabelle 3.12):

Tabelle 3.12: Ligationsansatz für pJET1.2 und PCR-Produkte

Lösungen	Menge
pJET Vektor	0,5 µl
Ligase	0,5 µl
2x Puffer	5 µl
PCR-Produkt	4 µl

Der Ligationsansatz wurde für 30 min bei Raumtemperatur inkubiert. Für die Transformation in kompetente *E. coli* wurden 5 µl der Ligation eingesetzt (Abschnitt 3.1.2).

3.6.2 Umklonierung von DNA-Fragmenten

Nach der Identifizierung von in pJET1.2 klonierten PCR-Produkten mit der korrekten Sequenz (Abschnitt 2.10), wurden mittels spezifischer Restriktionsenzyme die DNA-Fragmente aus dem Vektor pJET1.2 herausgeschnitten (Abbildung 7.1). Die Abtrennung der Fragmente erfolgte mit einem 1 %-igen Agarosegel. Das gewünschte Fragment wurde aus dem Gel ausgeschnitten und mit dem PCR-Kombi Kit von Seqlab aufgereinigt (Abschnitt 3.6.4). Anschließend erfolgte eine Mengenabschätzung der DNA in einem weiteren Agarosegel. Je nach Bandenintensität wurden 3-5 µl der isolierten DNA für die weitere Ligation eingesetzt (Tabelle 3.13).

Tabelle 3.13: Ligationsansatz für die Klonierung von DNA-Fragmenten in den Vektor pCDH

Lösungen	Menge
pCDH-Vektor	1 µl
Ligase (Fermentas)	0,5 µl
10x Puffer	2 µl
DNA-Fragment	3-5 µl
dd H_2O	ad 20 µl

Der Ansatz wurde für 16 h bei 14 °C inkubiert und anschließend bei 65 °C für 10 min inaktiviert. Für die Transformation in kompetente *E. coli* wurden 5 µl des Ligationsansatzes eingesetzt (Abschnitt 3.1.2).

3.6.3 Plasmidisolierung

Für die Plasmidisolierung im Mini-Maßstab bis 5 ml wurde der Kit Nucleo-Spin Plasmid von Macherey-Nagel verwendet und die Isolierung nach den Herstellerangaben durchgeführt; für Bakterien-Kulturen bis 200 ml wurde der Kit Nucleo-Bond Xtra Midi genutzt und ebenfalls nach den Herstellerangaben verfahren.

3.6.4 Isolierung und Reinigung von DNA aus Agarosegelen

Nach der Auftrennung von DNA über ein Agarosegel wurden die Banden in der erwarteten Laufhöhe aus dem Gel ausgeschnitten. Die Isolierung und Aufreinigung erfolgte mit dem Zymoclean Gel DNA Recovery Kit von Zymo Research (bei kleineren DNA-Mengen) oder dem PCR-Kombi Kit von Seqlab. Es wurde nach den Herstellerangaben vorgegangen.

3.6.5 Quantifizierung und Qualitätskontrolle von dsDNA

Die isolierte DNA wurde spektrophotometrisch mit dem NanoDrop 1000 vermessen. Dabei wurde die Lichtabsorption der DNA bei einer Wellenlänge von $\lambda = 260$ nm genutzt und die optische Dichte (O.D.) der DNA-Lösung bestimmt. Zusätzlich wird eine Messung bei $\lambda = 280$ nm durchgeführt und der Quotient A_{260} / A_{280} bestimmt, da in diesem Wellenlängenbereich Proteine ihr Absorptionsmaximum haben und somit Verunreinigungen festgestellt werden. Eine saubere DNA-Lösung hat einen Quotient von 1,8 - 2,0. Ein Wert von $A_{260} = 1$ entspricht einer Konzentration an dsDNA von c = 50 ng/µl. Daraus errechnet sich die DNA-Konzentration einer unverdünnten Lösung :

$$c \, [ng/\mu l] = A_{260} \times 50$$

3.6.6 Restriktionsverdau

Zur Analyse von Plasmiden wurde die DNA durch Restriktionsendonukleasen fragmentiert und im Agarosegel aufgetrennt.

Tabelle 3.14: Allgemeiner Ansatz zum Restriktionsverdau

Lösung	Menge
DNA	1-5 µg
Puffer 10x	1/10 des Endvolumens
Enzym	bis zu 1/10 des Endvolumens
BSA	nach Herstellerangaben eingesetzt
dd H_2O	Auffüllen auf Endvolumen

Der Ansatz (Tabelle 3.14) wurde mindestens 3h bzw. über Nacht bei der vom Hersteller angegebenen Temperatur inkubiert.

Bei einem Doppelverdau wurde, wenn möglich, das Plasmid mit beiden Enzymen gleichzeitig inkubiert. Waren die Enzyme aber nicht in einem Puffer optimal aktiv, erfolgte nach dem ersten Verdau eine DNA-Aufreinigung mittels des Kits von Seqlab. Anschließend erfolgte die nächste Spaltung mit dem zweiten Enzym, dem entsprechenden Puffer und Temperaturbedingungen.

3.7 Kultivierung adhärenter humaner Zelllinien

3.7.1 Kultivierung von Zelllinien und primären Fibroblasten

Sämtliche verwendete Zelllinien und primären Fibroblasten wurden mit D-MEM unter Zugabe von 10 % fetalem Kälberserum (FKS) und 1 % Penicillin (Stock 10.000 U)/Streptomycin (Stock 10.000 µg/ml) kultiviert (Kulturmedium 1, Tabelle 3.15). Die Zellen wurden bei 37 °C mit einem CO_2-Gehalt von 5 % und bei einer Luftfeuchtigkeit von 93 % im Brutschrank gehalten. Die Kultivierung erfolgte je nach Bedarf in Plastik-Gewebekulturflaschen (75 cm²), -schalen (6 cm²) oder -platten (6-Well, 12-Well).

In dieser Arbeit wurden Zelllinien und primäre Zellen verwendet, die als adhärente Monolayer wachsen. Alle drei bis vier Tage wurde das Medium gewechselt. Wenn der Kulturflaschenboden mit 80-100 % Zellen bewachsen war, wurden die Zellen gesplittet. Dazu wurde zunächst das verbrauchte Medium vollständig abgesaugt und die Zellen mit 5 ml PBS gespült. Bei einer 75 cm² Flasche wurden 1,5 ml einer 0,05 %-igen Trypsin-EDTA-Lösung auf die Zellen gegeben und im Brutschrank für 3-10 min inkubiert bis die Zellen sich vom Flaschenboden lösten. Zur Inaktivierung der Trypsinaktivität wurde 6,5 ml Kulturmedium 1 zugegeben und die Zellen durch Auf- und Abpipettieren vereinzelt. Im Verhältnis 1:2 bis 1:16 konnten die Zellen in neuen Kulturgefäßen wieder ausgesät werden. Der Rest der Zellsuspension wurde verworfen. Die verbleibenden Zellen wurden bis zu 15 ml mit Kulturmedium 1 aufgefüllt.

Tabelle 3.15: Verwendete Medien zur Kultivierung eukaryotischer Zellen

Medium	Herstellung
Kulturmedium 1	D-MEM + 10 % FKS + 1 % Pen/Strep
Kulturmedium 2	D-MEM + 10 % FKS
EpiLife	500 ml EpiLife + 5 ml HKGS (human keratinocyte growth supplement) + 500 µl 0,06 M $CaCl_2$
Einfriermedium	30 ml D-MEM + 15 ml FKS + 5 ml DMSO; steril filtrieren; Lagerung bei - 20 °C

3.7.2 Kultivierung von primären Keratinozyten

Primäre (Vorhaut-) Keratinozyten benötigen für ihre Kultivierung ein spezielles, auf sie abgestimmtes Medium (Tabelle 3.15). Das Medium EpiLife ist nach der Zuführung des Supplements und des $CaCl_2$ ca. 1 Monat stabil bei 4 °C. Es ist im Dunkeln zu lagern und darf nicht eingefroren werden. Das HKGS (Human Keratinocyte Growth Supplement) enthält bovines Hypophysenextrakt, bovines Insulin, Hydrokortison, bovines Transferrin und humanen epidermalen Wachstumsfaktor. Die Zellen wurden bei annähernd 100 % Konfluenz 1:2 gesplittet.

Nach der Entfernung des alten Mediums wurden je 75 cm²-Flasche 2 ml Trypsin/EDTA auf die Zellen gegeben, kurz bei RT inkubiert und mikroskopisch kontrolliert bis sich die Zellen abrundeten. Das Trypsin/EDTA wurde anschließend schnell abgesaugt. Da sich Fibroblasten schneller unter Trypsin-Einwirkung vom Flaschenboden ablösen, wurden somit noch verbliebene Fibroblasten von der Vorhaut-isolation entfernt. Nach einer erneuten Zugabe von 1 ml Trypsin/EDTA und einer Inkubation für 1-3 min im Brutschrank bei 37 °C, erfolgte die Neutralisierung des Trypsins mit 7 ml Kulturmedium 1. Die Zellsuspension wurde bei 1100 rpm für 4 min bei RT zentrifugiert, das Medium abgesaugt, die Zellen wieder in EpiLife-Medium aufgenommen und gesplittet weiter kultiviert. Die Kultivierung der primären Keratinozyten erfolgte in 75 cm²-Kulturflaschen im Brutschrank bei 37 °C und 5 % CO_2.

3.7.3 Einfrieren und Auftauen

Zum Erhalt von Zelllinien und primären Zellen mit bestimmten Passagen wurden die Zellen in flüssigem Stickstoff gelagert. Die Zellen einer konfluent bewachsenen 75 cm²-Kulturflasche wurden abtrypsiniert und mittels Zentrifugation (1200 rpm, 4 min, RT) sedimentiert. Das Zellpellet wurde anschließend in 2 ml kaltem Einfriermedium (Tabelle 3.15) resuspendiert, auf zwei Kryoröhrchen aufgeteilt und in einer Einfrierbox bei - 80 °C eingefroren. Die Überführung und endgültige Lagerung im Stickstofftank erfolgte nach ein paar Tagen.

Zur Wiederaufnahme der Kultur wurden die Zellen nach der Entnahme aus dem Stickstofftank mit Kulturmedium 1 durch vorsichtiges Auf- und Abpipettieren aufgetaut. Anschließend wurden die Zellen bei 1200 rpm und 4 min bei RT sedimentiert und das Medium abgesaugt. Das Pellet wurde einmal durch Resuspension in 5 ml PBS gewaschen und danach wieder zentrifugiert. Die Zellen wurden schließlich in neuem Kulturmedium 1 aufgenommen und in eine entsprechende Kulturflasche überführt.

3.8 Transfektion und Transduktion von eukaryotischen Zellen

3.8.1 Transfektion nach Chen und Okayama

Zum Einbringen von Plasmid-DNA wurde die Calcium-Phosphat-Methode nach Chen und Okayama [26] gewählt. Hierbei bilden sich während der Inkubation Calciumphosphat-DNA-Komplexe im Medium und präzipitieren auf den Zellen. Kritische Faktoren für eine effiziente Transformation sind der pH-Wert bei 6,95 des 2x BBS-Puffers für die Präzipitation, der CO_2-Gehalt (3 %) während der Inkubation der DNA mit den Zellen, sowie die Menge (5-7 µg) und Form (zirkulär) der DNA.

Zur Durchführung der Transfektion waren folgende Schritte erforderlich:

- 1. Tag: Zellen in 6 cm-Schalen mit 3 ml D-MEM mit 10 % FCS und 1 % Pen/Strep aussäen

- 2. Tag: Transfektion

    – je nach Zelltyp sollten die Zellen zwischen 20 % und 70 % konfluent sein

    – 5-7 µg Plasmid-DNA mit 150 µl 0,25 M $CaCl_2$-Lösung mischen und anschließend 150 µl 2x BBS-Lösung hinzugeben

    – Ansatz vorsichtig mischen und eventuell kurz abzentrifugieren

    – 10 min bei Raumtemperatur inkubieren

    – Mediumwechsel mit Kulturmedium 2 (siehe Tabelle 3.15)

    – Lösung tropfenweise direkt auf die Zellen in das Medium pipettieren; die Präzipitate bilden sich im Medium

- vorsichtig die Schale schwenken, um die Lösung mit dem Medium zu mischen und anschließend im Brutschrank bei 35 °C und 3 % CO_2 14-18 h inkubieren

- 3. Tag: Zellen 1-2x mit PBS waschen; neues Medium auf die Zellen geben und im Brutschrank bei 37 °C und 5 % CO_2 weiter kultivieren

- 4. Tag: die Zellen können für weitere Versuche geerntet werden

3.8.2 Transfektion mit lentiviralen Vektoren

Für die Produktion von Lentiviren wurde die humane Zelllinie HEK293T verwendet (Abschnitt 2.6.1).

Für die Transfektion wurden je 6 cm-Schale $1{,}8 \times 10^6$ Zellen ausgesät. Die Konfluenz am nächsten Tag betrug ca. 80 %. Für das Ansetzen der Transfektionslösung (Abschnitt 3.8.1) je 6 cm-Schale wurden folgende Plasmide und DNA-Mengen eingesetzt (Tabelle 3.16):

Tabelle 3.16: Eingesetzte Plasmide und DNA-Mengen für die Produktion von Lentiviren

Vektor	Bedeutung	DNA-Menge
lentiviraler Vektor	trägt zu verpackendes Gen	2 µg
pMDL	gag-Gen	2 µg
pRSV	pol-Gen	1 µg
pVSV-G	Pseudotypisierung, env-Gen	0,4 µg

Am 3. Tag des Transfektionsprotokolles (Abschnitt 3.8.1) wurden die Zellen im Brutschrank bei 32 °C und 5 % CO_2 mit dem Kulturmedium 2 (Tabelle 3.15) weiter kultiviert, da die Virus-Ausbeute bei höheren Temperaturen abnimmt [26].

Da meist größere Mengen an Virusüberstand benötigt wurden, wurden pro zu verpackendem Gen mehrere 6 cm-Schalen mit HEK293T Zellen transfiziert. Nach der ersten Virusernte wurde die Hälfte der 6 cm-Schalen weiter geführt und mit neuem Kulturmedium 2 versehen. Weitere 24 h später wurden wiederum Viren für den dritten Infektionszyklus (Abschnitt 3.8.3) geerntet.

3.8.3 Transduktion mit Lentiviren

Retroviren dienen aufgrund ihrer Eigenschaften als gute Genfähre. Während ihres Lebenszyklus werden sie als Provirus stabil in das Wirtsgenom integriert. Dadurch kann die eingebrachte DNA stabil an die Tochterzellen weiter gegeben werden. Mit einem entsprechenden Promotor lassen sich Gene mit hoher Effizienz und über einen längeren Zeitraum stabil in den Zielzellen exprimieren.

Die Familie der Retroviren wird unterteilt in die Unterfamilien der Orthoretroviren und der Spumaretroviren. Die Lentiviren sind eine Gattung in der Unterfamilie der Orthoretroviren. Es handelt sich hier um behüllte Einzel(+)-Strang-RNA-Viren. Sie können im Gegensatz zu anderen Retroviren auch nicht teilungsaktive, eukaryotische Zellen infizieren. Der bekannteste Vertreter dieser Gattung ist das humane Immundefizienz-Virus (HIV) (Abbildung 3.4).

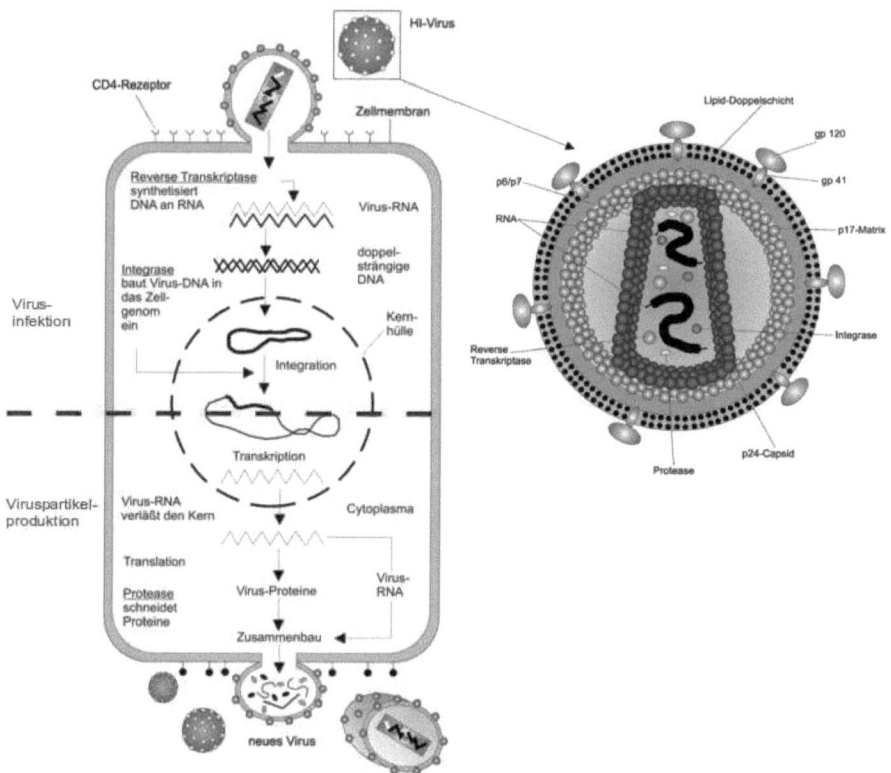

Abbildung 3.4: Lebenszyklus des HI-Virus (modifiziert nach Wikipedia (http://de.wikipedia.org/wiki/Datei:Hiv_gross.png)): der obere Teil der linken Zeichnung verdeutlicht die Virusinfektion, während der untere Teil die Virusproduktion skizziert (in Anlehnung der Partikel-Produktion in den HEK293T Zellen nach der Transfektion mit den Verpackungsplasmiden und dem lentiviralen Vektor); der rechte Teil der Abbildung zeigt den schematischen Aufbau eines HIV-Partikels

Der in dieser Arbeit verwendete Vektor basiert auf dem HIV-Genom.

Einen Tag vor Transduktion wurden die Zielzellen in 12-Well-Platten ausgesät. Es wurden je Well und Versuchsansatz 1×10^4 Zellen (MTT-Assay, Abschnitt 3.9.1) bzw. 2×10^4 Zellen (Seneszenz-Test, Abschnitt 3.9.3) ausgesät. Am Tag der Transduktion erreichten die Zellen eine Konfluenz von 5-10 %.

Am Tag 4 des Transfektionsprotokolls (Abschnitt 3.8.1) konnten die Viren geerntet werden. Dazu wurde das gesamte Medium abgenommen und in 15 ml- bzw. 50 ml-Reaktionsgefäßen gesammelt. Die Überstände der 6 cm-Schalen mit den HEK293T Zellen, die den gleichen Virus verpackten, wurden vereinigt. Anschließend wurde neues Kulturmedium 2 auf die virusproduzierenden Zellen gegeben und diese weiter kultiviert. Um das virushaltige Medium von HEK293T Zellen zu reinigen, wurde es mittels 0,45 µm-Filtern filtriert. Pro Transduktion wurden drei Infektionszyklen durchgeführt (Tabelle 3.17).

Tabelle 3.17: Transduktion eines Zelltyps mit drei Infektionszyklen

Zyklus	Tag / Zeit	Menge virushaltiges Medium	Herkunft
1	1 / vormittag	1 ml/Well + 2 µg/ml Polybrene	1. Ernte
2	1 / nachmittag	+1 ml/Well	1. Ernte
3	2 / vormittag	+1 ml/Well	2. Ernte

Nach jeder Zugabe von virushaltigem Medium auf die einzelnen Wells wurden die 12-Well-Platten in einer Zentrifuge mit Ausschwing-Rotor bei 1500 rpm und RT für 45 min zentrifugiert.

Zwischen dem ersten und zweiten Infektionszyklus lagen 6 Stunden. Am Nachmittag des zweiten Tages, 6 Stunden nach der letzten Zugabe von virushaltigem Medium, wurde der gesamte Überstand abgenommen. Die Zielzellen erhielten je Well 2 ml neues Kulturmedium 1 und wurden unter normalen Bedingungen (37 °C, 5 % CO_2) weiter kultiviert. Ein schematischer Arbeitsablauf von Transfektion und Transduktion ist in Abbildung 3.5 dargestellt.

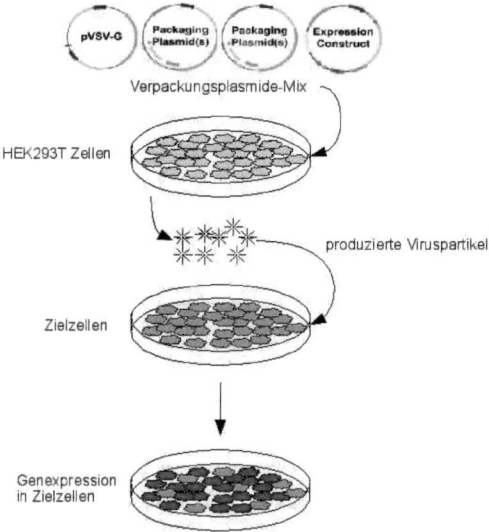

Abbildung 3.5: Ablaufschema einer Transduktion mit den drei Verpackungsplasmiden und dem Vektor pCDH mit dem entsprechenden zu verpackenden Gen: nach dem Aussäen der Verpackungszelllinie HEK293T werden diese mit den vier Plasmiden transfiziert; ein Tag vor Transduktion werden die Zielzellen ausgesät; zwei Tage nach Transfektion der HEK293T Zellen können die ersten Viruspartikel geerntet und die Zielzellen infiziert werden.

3.9 Angewendete Assays in der Zellkultur

3.9.1 Proliferations-/MTT-Assay

Der Proliferations-Assay (CellTiter 96 (R) Non-Radioactive Cell Proliferation Assay von Promega, Madison, USA) wurde ab dem 3. Tag nach der Transduktion der Fibroblasten in 12-Well-Platten durchgeführt. Lebende Zellen nehmen das gelbe Tetrazoliumsalz MTT (3-(4,5-Dimethylthiazol-2-yl)-2,5-diphenyltetra-zoliumbromid) auf und setzen es mit Hilfe mitochondrialer Dehydrogenasen zu einem stark blau-violetten, wasserunlöslichen Formazanfarbstoff um (Abbildung 3.6). Für den Test wurden am 3. Tag nach Transduktion und den drei darauf folgenden Tagen jeweils pro Well 750 µl D-MEM (+10 % FCS + 1 % P/S) mit 112,5 µl Dye-Solution des MTT-Assays gemischt und auf die Platte gegeben. Die Zellen wurden dann für 2 h im Brutschrank (37 °C, 5 % CO_2) weiter kultiviert. Für die photometrische Messung (570-590 nm) werden die Zellen lysiert, um den Farbstoff freizusetzen. Dazu wurden 750 µl Stoplösung hinzugegeben und für mind. 1 h im Brutschrank inkubiert. Die Intensität der

Blaufärbung korreliert mit der metabolischen Aktivität der Zellen. Stabile Klone wurden ein Tag vor dem Assay mit 5x10^4 Zellen pro Well ausgesät und der Test danach täglich mit insgesamt vier Messpunkten und jeweils zwei Stunden Inkubationszeit durchgeführt.

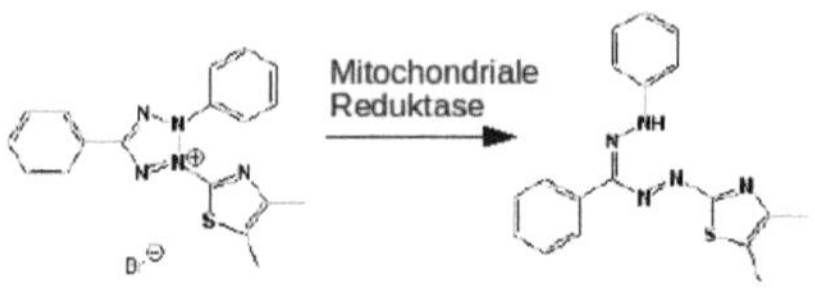

Abbildung 3.6: Umsetzung von Tetrazolium in Formazan durch eine mitochondriale Reduktase

Die Messungen wurden mindestens im Triplikat durchgeführt. Für die Auswertung wurde der Mittelwert der einzelnen Messpunkte sowie die Standardabweichung errechnet. Die Ergebnisse konnten anschließend grafisch dargestellt werden.

3.9.2 DAPI-Test

Für die Überprüfung apoptotischer Zellen wurde eine Färbung der Zellen mit DAPI durchgeführt. DAPI (4',6-diamidino-2-phenylindol) ist ein Fluoreszenzfarbstoff, der in A-T-reichen Regionen der DNA interkaliert. Mit Hilfe dieser Färbung lassen sich sowohl intakte Zellkerne anfärben, als auch fragmentierte Kerne sichtbar machen, die während der Apoptose entstehen.

Die adhärenten Zellen wurden zunächst vom Kulturboden mittels Trypsin abgelöst, in ein Reaktionsgefäß überführt und abzentrifugiert. Da sich apoptotische Vesikel mit DNA auch im Medium befinden konnten, wurde dieses teilweise auf Objektträger (OT) aufgebracht. Die abzentrifugierten Zellen wurden mit PBS gewaschen und der Überstand abgenommen. Die Zellen wurden in einer kalten Essigsäure-Methanol-Lösung im Verhältnis 1:4 aufgenommen und für 15 min auf Eis inkubiert. Die Lösung konnte bei - 20 °C bis zum Gebrauch gelagert werden oder direkt auf nasse, kalte OT aufgetropft werden. Nach dem Trocknen der OT wurden 2 Tropfen Antifade-DAPI auf die Zellen gegeben und mit einem Deckglas abgedeckt. Die Untersuchung der gefärbten Zellen erfolgte anschließend mit einem Fluoreszenzmikroskop. Der Farbstoff wird im ultravioletten Wellenlängenbereich (358 nm) angeregt, wenn er an die DNA gebunden hat. Das Emissionsmaximum liegt bei 461 nm (blau). DAPI färbt sowohl fixierte als auch lebende Zellen an.

3.9.3 Seneszenz-Test/β-Galactosidase-Assay

Mit Ausnahme von Keim- und Stammzellen gehen die meisten Zellen des Körpers nach etwa 50 bis 80 Zellteilungszyklen in den Zustand der Seneszenz über. Hierbei ist die Zellteilung dauerhaft gehemmt. Ausgelöst wird dieser Ruhezustand durch die mit der Zellteilung einhergehende Kürzung der Telomerkappen an den Chrosmosomenenden. Das führt zur Aktivierung bestimmter Gene und zur Bildung von Proteinen, die ihrerseits eine weitere Vermehrung der Zellen verhindern.

Nach der Transduktion der Zielzellen in der 12-Well-Platte wurden sie nach Erreichen der Konfluenz in 6 cm-Schalen umgesetzt (1 Well = 1 Schale). Der β-Galactosidase-Assay wurde durchgeführt, sobald die Schalen zu 80-100 % bewachsen waren. Zunächst wurden die Zellen 1x mit PBS gewaschen und anschließend für 5 min mit 3 % Formaldehyd bei RT fixiert. Es erfolgte ein weiterer Waschschritt mit PBS. Danach wurde die β-Galactosidase-Lösung (Tabelle 3.18) auf die Zellen gegeben und bei 37 °C in einer feuchten Umgebung über Nacht inkubiert.

Tabelle 3.18: Eingesetzte Lösungen und Mengen für den β-Galactosidase-Assay; je 6 cm Schale wurden 2 ml der Lösung eingesetzt

Lösung	Stocklösung	Menge/ml	Menge für 2 ml
X-Gal	20 mg/ml Dimethylformamid	1 mg	100 µl
Zitronensäure/Na_3PO_4	0,5 M pH 6,0	40 mM	160 µl
Kaliumhexacyanoferrat II	0,5 M	5 mM	20 µl
Kaliumhexacyanoferrat III	1 M	5 mM	10 µl
NaCl	2 M	150 mM	100 µl
$MgCl_2$	0,1 M	2 mM	160 µl
dd H_2O			1450 µl

Nach Dimri und Kollegen [44] exprimieren nur seneszente Zellen eine β-Galactosidase bei einem pH-Wert von 6,0. Positive, d.h. seneszente Zellen zeigen eine perinukleäre blaue Färbung. Die Anzahl der blaugefärbten seneszenten Zellen nach Genexpression wurde mit den Kontrollversuchen verglichen. Hierzu wurden die Zellen in 12-Well-Platten ausgezählt, während 6 cm-Schalen einer semi-quantitativen Einschätzung unterzogen wurden. Die Platten und Schalen wurden von zwei unabhängigen Personen beurteilt. Als Positivkontrolle dienten p33ING1 sowie p33ING2 und als Negativ-Kontrolle wurde der Leervektor pCDH eingesetzt sowie eine Mocktransduktion durchgeführt.

3.10 Immunfluoreszenz

Mittels Immunfluoreszenz können Proteine durch Bindung fluoreszenzmarkierter Antikörper sichtbar gemacht werden. Der Antikörper bindet spezifisch an das entsprechende Protein.

Mit der richtigen Lichtwellenlänge wird das Fluorochrom am Antikörper angeregt und das Protein wird über das emittierte Signal lokalisiert. Dieses Verfahren wurde für die Gene SORBS2 und TLR3 angewendet.

3.10.1 Anfertigen von Cytospins

Die Zellen wurden zunächst in der Neubauer-Kammer gezählt. Pro Spot wurden 1×10^5 Zellen benötigt und in 150 µl Medium oder PBS aufgenommen. Zunächst wurde ein Objektträger in die Zellklammer gelegt, mit einer Filterkarte abgedeckt, anschließend der Doppel-Zelltunnel aufgelegt und die Klammer geschlossen. 150 µl Zellsuspension wurden in jeden der beiden Tunnel gegeben und bei 500 rpm 2 min zentrifugiert. Nach dem Zerlegen der Klammer trockneten die Spots für kurze Zeit bei Raumtemperatur und die Objektträger konnten anschließend in Alufolie verpackt bei - 80 °C gelagert werden.

3.10.2 Immunfluoreszenz

Die Immunfluoreszenz wurde an den zuvor angefertigten Cytospins durchgeführt. Hierzu wurde zunächst die entsprechende Anzahl Objektträger bei RT aufgetaut und danach die Silberfolie entfernt. Die einzelnen Spots wurden mit dem Dako Pen (Wachsstift) umrandet, um das Verlaufen der Lösungen zu vermeiden und die Menge der Antikörper gering zu halten. Für die Gewebefixierung wurde eine 4 %-ige Paraformaldehyd-Lösung verwendet, die Objektträger für 10 min bei RT inkubiert und anschließend 3x mit TBS-Waschlösung gespült. Zur Blockierung wurden pro Spot 50 µl Esel-Normalserum (Santa Cruz) (1:5 mit Waschpuffer verdünnt) verwendet, für 20 min in einer feuchten Kammer bei RT inkubiert und anschließend leicht abgeklopft. Pro Spot wurden 50 µl des Primärantikörpers (SORBS2 1:200; TLR3 1:100) über Nacht bei 4 °C in einer feuchten Kammer inkubiert. Drei Waschschritte à 5 min unter Schwenken mit Waschpuffer entfernten nicht gebundene Antikörper. Die Spots konnten anschließend mit dem Sekundärantikörper (Esel anti-Ziege IgG-FITC 1:100) für 45 min bei RT inkubiert werden. Ab diesem Zeitpunkt erfolgten die weiteren Schritte im Dunkeln, um das Ausbleichen des Fluoreszenz-Farbstoffes zu vermeiden. Es folgten drei Waschschritte mit jeweils 5 min auf dem Schüttler und ein Abspülen mit destilliertem Wasser. Zum Eindecken der Objektträger wurden 100 µl Vectashield (Antifade) mit 2 µl DAPI-Lösung (1 mg/ml) gemischt und jeweils ein Tropfen auf einen Spot gegeben, mit einem Deckglas abgedeckt und mit Fixogum fixiert. Die Beurteilung der Proben erfolgte am Fluoreszenz-Mirkoskop Axioplan2.

3.11 Western Blot

Nach dem Auftrennen eines Proteingemisches mit Gelelektrophorese, können die Proteine auf einer Membran immobilisiert werden. Die Visualisierung erfolgt meist über Immundetektion, wobei die Antigen-Antikörper-Bindung genutzt wird, um Proteine spezifisch nachzuweisen. Der Antikörper ist mit einem Enzym markiert und die Antikörper-Proteinbindung wird auf einem Röntgenfilm sichtbar gemacht.

3.11.1 Anfertigen von Zelllysaten

Zelllysate aus frischen Zellen

Für das Lysat wurden Zellen einer konfluenten 6 cm-Schale oder 75 cm²-Flasche verwendet. Es wurden des Weiteren Zellen verwendet, die parallel zu einem Seneszenz-Test geerntet wurden, wobei die Zellen hier nicht unbedingt dicht gewachsen waren. Hierbei wuchsen die Zellen in einer 12-Well-Platte oder wurden später in 6 cm-Schalen umgesetzt. Nach der Abnahme des Mediums wurden die Zellen einmal mit PBS gespült. Der Lysepuffer (1 % SDS + 1/100 Protein-Inhibitor Serva) (250 µl für 6 cm-Schalen, 25 µl für ein Well einer 12-Well-Platte) wurde anschließend direkt auf die Zellen gegeben, diese mit einem Zellschaber von der Schalen-Oberfläche gelöst und in ein Reaktionsgefäß überführt. Für Lysate aus Kulturflaschen, wurden die Zellen zuvor mit Trypsin abgelöst, abzentrifugiert, mit PBS gewaschen und anschließend in 500 µl Lysepuffer aufgenommen. Der Zellextrakt wurde für 10 min bei 95 °C inkubiert und auf Eis abgekühlt. Die freigesetzte DNA und RNA wurde durch die Zugabe von 1 µl Benzonase für 10 min bei RT abgebaut. Das Zentrifugieren der Proben bei 14.000 rpm für 10 min bei 4 °C und Überführen der Proben in neue Reaktionsgefäße ermöglichte das Abtrennen von Zelltrümmern. Der Proteingehalt der Proben konnte anschließend photometrisch bestimmt werden. Die Lagerung der Proben erfolgte bei - 20 °C.

Zelllysate von CytoSpins (Spots auf Objektträger)

Das Ablösen zuvor aufgespotteter Zellen auf Objektträgern (Abschnitt 3.10.1) erfolgte mit 30 µl Lysepuffer je Objektträger. Nach der Inkubation des Lysepuffers auf den ersten Spot des Objektträgers und dem Abkratzen der Zellen mit einer Pipettenspitze wurde diese Lösung auf den zweiten Spot gegeben und ebenso verfahren. Anschließend wurde das Proteinlysat in ein Reaktionsgefäß überführt. Beide Spots wurden nochmals mit 10 µl Lysepuffer gespült und zu dem vorherigen Lysat gegeben. Im Weiteren wurde wie oben verfahren (Abschnitt 3.11.1).

3.11.2 SDS-PAGE und Western Blot

Für die SDS-Polyacrylamid-Gelelektrophorese (SDS-PAGE) wurde jeweils ein Trenn- und ein Sammelgel zwischen zwei Glasplatten mit Spacer gegossen (Tabelle 3.19). Nach dem Gießen des Trenngels wurde das Gel mit Isopropanol überschichtet. Sobald das Gel ein wenig ausgehärtet war, konnte das Isopropanol entfernt werden. Direkt nach dem Gießen des Sammelgels wurde der Kamm in das Gel gesteckt. Nach dem Aushärten des Gels wurde der Kamm entfernt und das Gel in die Elektrophoresekammer gestellt.

Tabelle 3.19: Mengenangaben für kleine SDS-Polyacrylamid-Gele mit einer Konzentration von 10 % Acrylamid

Sammelgel		
Lösung	1 Gel	2 Gele
Acrylamid-Mix	260 µl	520 µl
4x Tris-HCl/SDS pH 6,8	500 µl	1 ml
dd H_2O	1,22 ml	2,44 ml
10 % APS	20 µl	40 µl
TEMED	2 µl	4 µl

Trenngel 10 %		
Lösung	1 Gel	2 Gele
Acrylamid-Mix	1,7 ml	3,4 ml
4x Tris-HCl/SDS pH 8,8	1,3 ml	2,6 ml
dd H_2O	2 ml	4 ml
10 % APS	50 µl	100 µl
TEMED	5 µl	10 µl

Die Zelllysate (Abschnitt 3.11.1) wurden frisch hergestellt oder aufgetaut und je nach Ausgangsmenge mit 6x SDS-Probenpuffer versetzt. Das Lysat wurde bei 99 °C für 10 min aufgekocht und auf Eis abgekühlt. Nach dem Einfüllen des 1x Laufpuffers in die Elektrophoresekammer konnten die Proben mittels einer Hamilton Microliter-Spritze aufgetragen werden. Ein Gel lief bei 25 mA für 1-1,5 h, während zwei Gele 50 mA benötigten.

Für das nachfolgende Blotten auf eine PVDF-Membran wurde diese zunächst auf Gelgröße zugeschnitten und in Methanol angefeuchtet. Das Gel wurde aus der Kammer genommen, von den Glasplatten getrennt und mit der PVDF-Membran in 1x Transferpuffer für 10min equilibriert. Um einen gleichmäßigen Stromfluss zu gewährleisten, wurden in der Größe des Gels vier gleichgroße Stücke 3 mm-Whatman-Papier zugeschnitten und in 1x Transferpuffer eingeweicht. Der Blotaufbau ist in Abbildung 3.7 schematisch dargestellt. Die Stromeinstellungen für das Blotten betrugen 2 mA/cm² für 45 min-1 h.

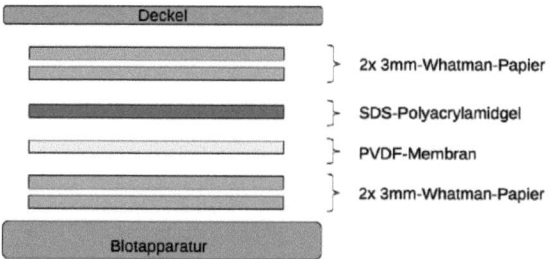

Abbildung 3.7: Blotaufbau für Western Blot: neben der Blotappartur werden für die Stromweiterleitung 2 Lagen gut angefeuchtetes Whatman-Papier auf den Elektroden benötigt. Dazwischen befinden sich in der richtigen Reihenfolge das SDS-Polyacrylamidgel von dem die aufgetrennten Proteine zu der PVDF-Membran übertragen werden.

3.11.3 Antikörperdetektion

Nach dem Blotten (Abschnitt 3.11.2) der Proteine auf die PVDF-Membran wurde diese in 5 % Milchpulver, gelöst in 1x TBS-Tween, für 1 h bei 37 °C geblockt, um unspezifische Bindungen der Antikörper zu verhindern.

SORBS2 und TLR3

Für die Detektion von SORBS2 wurde der Antikörper ArgBP2 (H-15; Ziege) von Santa Cruz Biotechnology verwendet, der 1:2000 (100 ng/ml) verdünnt eingesetzt wurde. Für die Verdünnung wurde eine 5 %-ige Milchpulverlösung in 1x TBS-Tween eingesetzt.

Für die Detektion von TLR3 wurden zunächst drei Antikörper TLR3 (Ziege) von Santa Cruz Biotechno-logy getestet, die 1:1000 (50 ng/ml) verdünnt eingesetzt wurden. Für die Verdünnung wurde eine 5 %-ige Milchpulverlösung in 1x TBS-Tween eingesetzt. Ein weiterer TLR3-Antikörper (Kaninchen) von Sigma-Aldrich wurde 1:2000 in 1 % BSA verwendet.

Die primären Antikörper inkubierten über Nacht bei 4 °C auf einem Schüttler. Anschließend wurden die Antikörper abgenommen und für eine weitere Verwendung bei 4 °C mit 0,05 % Na-Azid gelagert. Das Waschen der Membran erfolgte für 3x 5 min mit 1x TBS-Tween auf einem Schüttler. Der Zweitantikörper (Anti-Maus, -Kaninchen oder -Ziege-Antikörper), gekoppelt mit einer Peroxidase (HRP, Meerrettichperoxidase), wurde mit einer 5 %-igen Milchpulverlösung angesetzt und die Membran für 1 h bei RT darin geschwenkt. Vor der Detektion wurde die Membran 3x 10 min in 1x TBS-Tween gewaschen.

Actin

Um Unterschiede in der Proteinkonzentration der einzelnen Proben durch das Auftragen zu sehen, wurde eine Kontrolle mit dem Antikörper für Actin (Maus) durchgeführt. Hierzu wurden die PVDF-Membranen nach dem Blotten an der 55 kDa Markierung durchtrennt und der Abschnitt unterhalb der Markierung für die Actin-Detektion verwendet. Der Antikörper wurde in einer Verdünnung von 125 ng/ml eingesetzt. Die Verdünnung erfolgte in einer 1 %-igen BSA-Löung in 1x TBS-Tween. Bevor der Antikörper auf die Membran gegeben wurde, musste diese einmal mit 1x TBS-Tween gespült werden, um das restliche Milchpulver von der Blockierung zu entfernen. Die weitere Vorgehensweise erfolgte wie oben beschrieben.

Detektion

Die Detektion der geblotteten Proteine erfolgte mit dem ECL Plus Western Blotting Detection System (GE Healthcare) oder SuperSignal West Pico Chemiluminescent Substrate (Thermo Fischer Scientific). Abhängig von der Größe des Membranstücks wurde ca. 1 ml der Detektionslösung nach den Angaben des Herstellers zusammengestellt. Die Membran inkubierte 5 min bei RT, anschließend wurde sie in eine Klarsichtfolie eingepackt und in eine Filmkassette gelegt. Die Entwicklung eines Röntgenfilms erfolgte in einer Dunkelkammer. Die Exposition des Films richtete sich nach der Intensität der Banden. Sie belief sich zwischen 30 sec und 30 min. Nach der Entwicklung, Fixierung und Trocknung der Röntgenfilme konnten die Banden anhand des Markers identifiziert werden.

3.12 Statistik

Für einzelne Untersuchungen wurden verschiedene statistische Tests angewendet. Bei den Microarray-Analysen wurde zunächst der Welch T-Test mit einem p-Value cut-off von 0,05 angewendet. Für die Analyse des gesamten Genoms wurde zusätzlich das multiple Testen nach Benjamini und Hochberg eingesetzt [14]. Um Gene mit einem geringeren Expressionsunterschied zu identifizieren, wurde auf das multiple Testen verzichtet, wo man sich auf den kleineren chromosomalen Bereich (Chromosom 4q35-qter und 10p14-p15) beschränkt hatte. Für die verschiedenen Analysen wurden anschließend unterschiedliche Proben in die Auswertung einbezogen oder ausgeschlossen.

Für die Analyse der real-time PCR Ergebnisse wurde das von Pfaffl und Kollegen [141] entwickelte REST (relative expression software tool) verwendet. Mit Hilfe einer vorgefertigten Excel-Tabelle lassen sich zwei Gruppen von Proben vergleichen und gleichzeitig diese mit nicht-regulierten Genen, so genannten House-keeping-Genen (HKG), normalisieren. Des

Weiteren wird die Signifikanz der untersuchten Gene zwischen diesen beiden Probengruppen berechnet. Parallel dazu wurden die Werte aus der real-time PCR der beiden Gruppen CIN3 und CxCa ohne REST berechnet. Dazu wurden die Mittelwerte der HKG für jede Probe errechnet. Anschließend konnte der ΔCt-Wert jedes Gens der entsprechenden Probe berechnet werden: $2^{(meanHKG-Ct)}$. Daraus ließ sich der -1/ΔCt-Wert ableiten. Für jede Gruppe (CIN3, CxCa) ließ sich somit der Median und Mittelwert errechnen bzw. der T-Test anwenden. Zusätzlich konnten die -1/ΔCt-Werte für den Mann-Whitney U-Test (http://elegans.swmed.edu/~leon/stats/utest.html) eingesetzt werden und den Grad der Signifikanz der beiden untersuchten Gruppen aufzeigen. Die Analysen mit REST und dem Mann-Whitney U-Test ergaben die selben Signifikanzen. In der vorliegenden Arbeit werden die Daten von REST gezeigt und ausgewählte Ergebnisse des Mann-Whitney U-Testes.

Um die Ergebnisse der Proliferationsassays auszuwerten, wurden die Mittelwerte der einzelnen Messtage gebildet und die Standardabweichungen dazu berechnet. Die Mittelwerte des Leervektors pCDH wurden als Bezugsgröße gesehen und 100 % gesetzt. Die Mittelwerte und entsprechend die Standardabweichungen der untersuchten Gene wurden daraufhin in Bezug zum Leervektor gesetzt. Zusätzlich wurden noch die Veränderungen der Mittelwerte zum ersten Messtag berechnet. Die Standardabweichungen sollen einen Anhaltspunkt für die Streuung der erhaltenen Werte geben. Um die Signifikanz zu errechnen, wären mehr Datenpunkte nötig gewesen.

Kapitel 4

Ergebnisse

4.1 Probenvorbereitung

Um ein optimales Hybridisierungsergebnis der Arrays zu erhalten, ist es notwendig das Probenmaterial nach bestimmten Kriterien auszusuchen. Besondere Sorgfalt muss man hier für die RNA aufwenden, angefangen bei der Behandlung der Gefrierschnitte bis hin zur Isolation der RNA, da diese durch RNasen schnell degradiert werden kann, und somit ein verzerrtes Bild der Genexpression entstünde.

4.1.1 Vorbereitung der Gefrierschnitte für die Mikrodissektion

Um die Qualität der RNA möglichst gut zu erhalten, wurde besonderer Wert auf die einzelnen Schritte, vom Schneiden der Gefriergewebe bis hin zur Isolation der RNA und dem Einfrieren der RNA-Proben, gelegt. Im Vorfeld wurden HE-Schnitte verschiedener Zervixkarzinome und Dysplasien nach bestimmten Kriterien beurteilt (Abschnitt 3.2). Die Tumorschnitte wurden nach dem Schneiden im Gefriermikrotom direkt auf die mit UV-Licht behandelten und beschichteten Objektträger gebracht, wobei diese eine Temperatur von - 20 °C hatten und nur lokal kurz erwärmt wurden, damit der Gewebeschnitt anhaften konnte. Anschließend wurden sie auf einer Heizplatte bei ca. 40 °C schnell getrocknet. Dies war wichtig, um Wasser im Gewebe und sich auf dem Schnitt niederschlagende Feuchtigkeit schnell zu entfernen. Es zeigte sich, dass die Morphologie der Schnitte dadurch nicht beschädigt wurde. Anschließend wurden die Objektträger bis zu ihrer Verwendung am gleichen Tag zur Mikrodissektion am PALM MicroBeam auf Trockenperlen gelagert, um zu verhindern, dass sich die Luftfeuchtigkeit negativ auf die RNA auswirkt. Die RNA-Quantität konnte durch diese Vorgehensweise gegenüber der Standardbehandlung (warme Objektträger, langsames Trocknen bei RT, erneutes Einfrieren bis zur Verwendung der Schnitte) teilweise bis um das 10-fache verbessert werden. Zum Beispiel konnten in einem Fall mit der Standardvorgehensweise nur

14,5 ng/µl RNA aus 4 Schnitten isoliert werden. Mit der angepassten Methode konnte die RNA-Ausbeute auf 145,3 ng/µl RNA erhöht werden. Die geringe RNA-Konzentration weist auf eine starke Degradierung der RNA hin. Die Vermeidung erneuten Einfrierens verhinderte eine weitere Beeinträchitigung der RNA.

Die Überprüfung der RNA-Qualität einzelner Zervixkarzinom-Gefrierblöcke erfolgte durch direkte Aufarbeitung von jeweils 3 - 12 Gesamtschnitten, abhängig von der Größe der Gewebefläche, mit einer Dicke von 10 µm. Hierzu wurden die Schnitte eines Tumors in einem Reaktionsgefäß gesammelt, in Trizol aufgelöst und aufgearbeitet bzw. bis zur Aufarbeitung bei - 80 °C gelagert. Da die Blöcke der CIN-Biopsien relativ klein waren, konnten hier neben den Schnitten für die Mikrodissektion keine weiteren Gesamt-Schnitte für die Qualitätsüberprüfung verwendet werden. Die Überprüfung der Zervixkarzinomgewebe zeigte eine gleiche oder geringfügig bessere RNA-Qualität als die RNA aus den mikrodissektierten Arealen. Häufig zeigte sich, dass die RNA-Qualität durch die gesamte Prozedur der Färbung und anschließenden Mikrodissektion ein wenig an Qualität verlor.

Um während der Mikrodissektion einen guten Überblick über die dysplastischen Areale zu haben, wurden sowohl bei den CxCa als auch bei den CIN Schnitte für spezielle Färbungen angefertigt. Zunächst wurde der erste und der letzte Gefrierschnitt der Serie HE-gefärbt. Zwei weitere Schnitte wurden mit Antikörpern gegen CD4 und CD8 sowie gegen CD56 gefärbt, um die Menge an Lymphozyten-Infiltraten bestimmen zu können (Abbildung 4.1). Vor allem bei den CIN-Schnitten waren die Färbungen gegen p16 und Ki67 bedeutend, da sie dysplastische Areale beziehungsweise proliferativ aktive Bereiche kenn-zeichneten. Dies ermöglichte eine bessere Unterscheidung zwischen normalem Plattenepithel, dem Stroma und dem Bereich der Neoplasie (Abbildung 4.2).

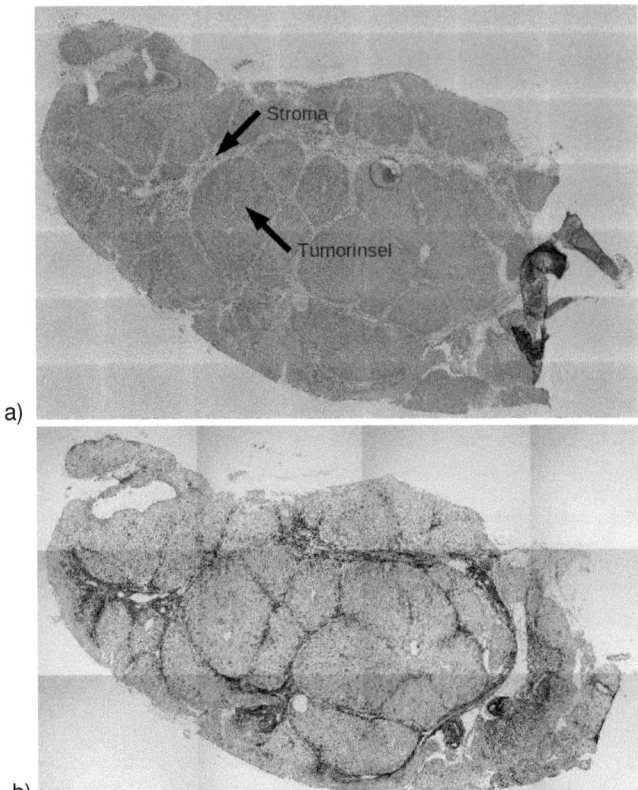

Abbildung 4.1: Reihenschnitte einer CxCa-Biopsie in der Übersicht (einzelne Photos wurden zur Gesamtübersicht zusammengefügt)
a) Kresylviolett-Färbung auf Ethanol-Basis: die stärker gefärbten Areale sind die Tumorinzeln, da-zwischen befindet sich das Stroma (siehe Pfeile). Diese Färbung wurde für die Mikrodissektion am PALM MicroBeam verwendet.
b) Immunhistochemie gegen die Rezeptoren CD4 (T-Helferzellen, Monozyten, Makrophagen) und CD8 (zytotoxische T-Zellen): die Immunzellen befinden sich hauptsächlich im Stroma (brauner Niederschlag)

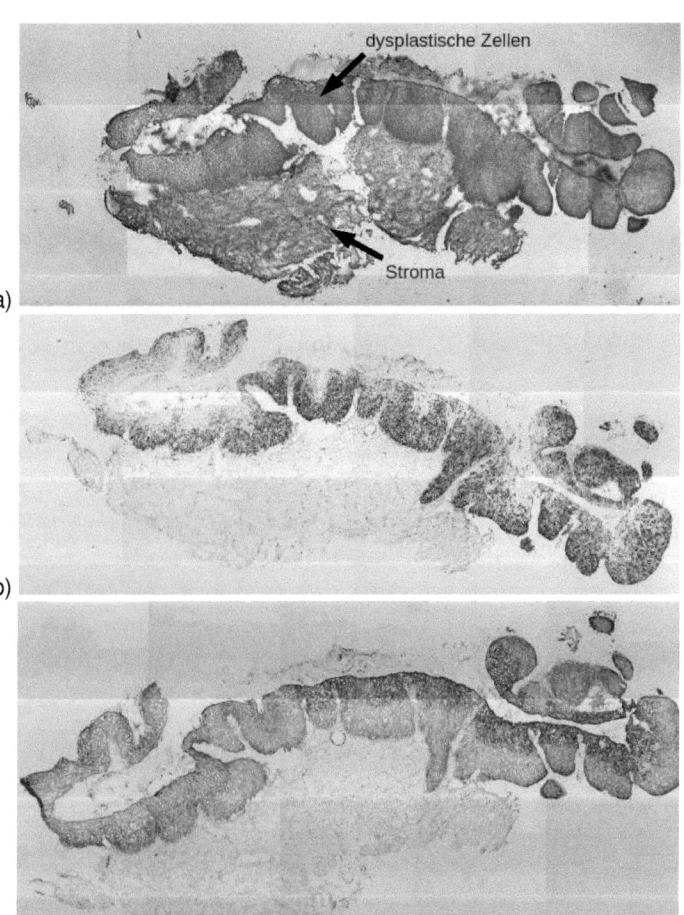

Abbildung 4.2: Reihenschnitte einer CIN3-Biopsie in der Übersicht (einzelne Photos wurden als Gesamtübersicht zusammengefügt):
a) Kresylviolett-Färbung auf Ethanol-Basis: im oberen Bereich des Schnittes befinden sich die dysplastischen Zellen, die stärker angefärbt sind, als das Stroma darunter. Diese Färbung wurde für die Mikrodissektion am PALM MicroBeam verwendet.
b) und c) Immunhistochemie gegen Ki67 (b) bzw. p16 (c): Ki67 färbt proliferierende Zellen an, während p16 ein Marker für HPV-positive Zellen ist und somit die CIN vom Stroma gut unterscheidbar macht (brauner Niederschlag)

4.1.2 Mikrodissektion und Probenaufnahme

Es zeigte sich eine gute Färbung und Mikrodissektierbarkeit von Schnitten mit 12 µm (CxCa) bis 15 µm (CIN) Dicke. Unmittelbar vor der Mikrodissektion wurden die Schnitte in 96 %-igem Ethanol kurz gespült, mit einer Kresylviolett-Ethanol-Lösung gefärbt und anschließend direkt im PALM MicroBeam bearbeitet. Es wurde vermieden, die OT zu lange dem Ethanol auszusetzen, da dies die Morphologie des Gewebes beeinträchtigte und dadurch die Tumorareale schlechter zu beurteilen waren. Kennzeichnend für die Tumorbereiche sind vergrößerte Zellen mit zum Kern hin verschobenem Kern-Plasma-Verhältnis. Lymphozyten sind im Gewebe meist als kleine Zellen mit relativ großem, kompaktem Kern zu erkennen.

Die Laser-Einstellungen änderten sich für jeden Tumor und wurden jeweils entsprechend angepasst. Die größeren Tumorinseln konnten teilweise nicht im Gesamten aus dem umliegenden Stroma geschnitten werden, da sich sonst die Folie aufwellte. Um dies zu verhindern, wurden große Inseln bis auf kurze Stege mit dem Laser ausgeschnitten und die Stege erst später durchtrennt. Kleine Areale konnten mit dem Laser in einen Deckel katapuliert werden. Die größeren Bereiche wurden unter einem Sterimikroskop und einer Präpariernadel in ein Reaktionsgefäß überführt, umgehend mit der angegebenen Menge Trizol gemischt und bis zur Aufarbeitung bei - 80 °C gelagert. Abbildung 4.3 zeigt die einzelnen Schritte während der Mikrodissektion vom Anzeichnen bis zum Ausschneiden des entsprechenden Areals.

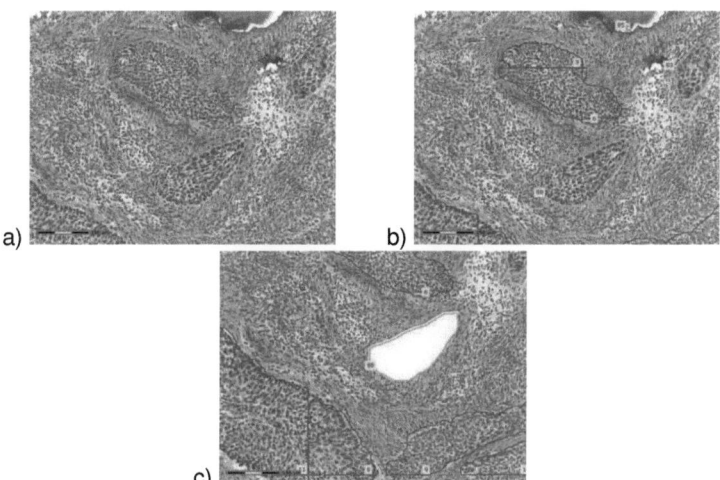

Abbildung 4.3: Gefrierschnitt eines Zervixkarzinoms nach Färbung mit Kresylviolett und Bearbeitung mit einem PALM MicroBeam:
a) zu sehen sind verschiedene Tumorareale, eingebettet in Stroma
b) die Tumorareale wurden mit einem Softwaretool markiert; grüne Markierung: freihändig; rote Markierung: durch die Software erkannte Farbunterschiede zwischen Tumor und Stroma und anschließende Einzeichnung der bestätigten Bereiche
c) mit Hilfe des Lasers ausgeschnittener und katapultierter Bereich aus Abbildung b)

4.1.3 RNA-Isolation

Nach dem Auftauen der Trizol-Proben wurden diese umgehend mit der entsprechenden Menge Chloroform gemischt, in die Phase Lock Gel Heavy Gefäße überführt und zentrifugiert. Dadurch konnte die gesamte Menge des wässrigen Überstandes verwendet werden ohne Verunreinigungen durch Proteine mit aufzunehmen. Die Reinheit der RNA sowie die Ausbeute verbesserten sich durch dieses Verfahren.

Die RNA-Isolation erfolgte mit dem Kit von Qiagen für sehr kleine Gewebemengen. Somit konnte die RNA in einem Volumen von 14 µl eluiert werden. Es musste eine RNA-Konzentration von mindestens 23 ng/µl erreicht werden, da nur eine begrenzte Flüssigkeitsmenge in den Reaktionsansatz für die Microarrays eingesetzt werden konnte. In den meisten Fällen konnte genug RNA und in ausreichender Konzentration aus den Gewebeschnitten isoliert werden. Die Gewebeschnitte der CIN und die dysplastischen Areale waren gegenüber den Tumorgeweben kleiner. Obwohl mehr Schnitte bei den CIN-Proben mikrodissektiert wurden, war die gewonnene RNA-Menge kleiner im Vergleich zu den Zervixkarzinomproben. Die RNA-Konzentrationen bei den CIN3 lag zwischen 12 ng/µl und 160 ng/µl, während sie bei den CxCa bis zu 900 ng/µl erreichte.

4.2 Microarray-Analysen

Es gibt heute mehrere Möglichkeiten, Genexpressionsanalysen durchzuführen. Eine globale Übersicht über das gesamte Genom läßt sich am besten mit Chip-basierten "Whole Genom"-Arrays erreichen. Eine Validierung der Gene ist unerlässlich für die weiteren Analysen, wodurch zum einen die Richtigkeit der Arrays bestätigt wird und eventuelle falsch positive Daten ausgesondert werden können.

4.2.1 RNA-Qualität und Proben-Auswahl

Nach der RNA-Isolation wurden die Konzentrationen mittels NanoDrop gemessen und anschließend die Qualität über den Bioanalyzer 2000 (Agilent) bestimmt. Nur Proben mit einer Konzentration von minde-stens 23 ng/µl konnten für die cDNA-Synthese und den Farbeinbau verwendet werden. Für die Klassifizierung der RNA-Qualität wurde das System von Agilent genutzt, wobei verschiedene Fragmentierungs-Stadien der RNA mit einer Skala von 1 bis 10 versehen sind [157]. Um eine gute Aussage mit den Microarrays erzielen zu können, wurden die Proben verwendet, die eine möglichst hohe RIN (RNA integrity number) aufwiesen. Die RIN der CIN3-RNA lagen zwischen 4,9 und 7,7 und die der Zervixkarzinom-RNA lag zwischen 4,3 und 7,5. Die mediane RIN der eingesezten Proben betrug 6,2. Die ausgewählten CIN3 und Zervixkarzinome mit den gemessenen Konzentrationen und ihrer RIN sind in den Tabellen 4.1 und 4.2 aufgeführt. Parallel zu den mikrodissektierten Proben wurden je nach Größe des Gewebeschnittes 3 - 5 Gesamtschnitte angefertigt, die RNA isoliert und im Bioanalyzer vermessen. Wenn die RIN im Gesamtschnitt über 5,5 - 6,0 lag, war es sinnvoll die Gewebeprobe zu mikrodissektieren.

Tabelle 4.1: Verwendete CIN3 für die Microarray-Hybridisierung mit den jeweiligen Konzentrationen und RNA-Qualitäten (RIN)

Probe	Konzentration (ng/µl)	RIN	CIN3
4720	23,30	6	CIN3
4758	35,40	5,2	CIN3
4320	60,50	5,4	CIN3
4225	98,70	7,2	CIN3
3344	71,31	5,2	CIN3
2049	159,05	4,9	CIN3
1932	75,69	5,2	CIN3
1938	208,72	7,7	CIN3
2051	179,40	5,6	CIN3
3530	106,58	6,7	CIN3
2244	36,80	6,4	CIN3
3613	92,67	5	CIN3

Für interne Kontrollen auf den Microarrays wurden zum einen Proben, die in ausreichender Konzentration vorlagen, insgesamt zweimal auf den Chip hybridisiert (4112 und 4977). Des Weiteren wurden gleiche Proben, die an verschiedenen Tagen mikrodissektiert wurden, aber eine ähnliche RIN aufwiesen, hybridisiert (1875 und 707). Dazu als Vergleich wurde die Probe 5449 an einem Tag mikrodissektiert, wobei jeweils drei Schnitte in zwei getrennten Tubes gesammelt und aufgearbeitet wurden. Dies sollte zeigen, ob die Zeit vom Schneiden der Gefrierblöcke bis zur Auflösung der Gewebefragmente im Trizol eine Auswirkung auf die RNA-Qualität hatten. Zudem konnte die Genexpression innerhalb einer Probe verglichen werden. Wie aus den Tabellen 4.1 und 4.2 ersichtlich ist, hat die gesamte Prozedur der Vorbereitung und Mikrodissektion der Proben nur geringe Auswirkungen auf die Qualität der RNA, da sie in den meisten Fällen nicht von der RIN des Gesamtschnittes abweicht.

Tabelle 4.2: Verwendete Zervixkarzinome für die Microarray-Hybridisierung mit den jeweiligen Konzentrationen und RNA-Qualitäten (RIN)

Probe	Konzentration (ng/µl)	RIN	CxCa	Kommentar
4112	228,5	7,3	CxCa	Probe wurde 2x hybridisiert
4977	145,3	7	CxCa	Probe wurde 2x hybridisiert
4806	216,6	7,1	CxCa	
3728	85	6,9	CxCa	
4925	53,8	6,8	CxCa	
5446	66,8	8,1	CxCa	
2394	315,18	7,4	CxCa	
2209	419,5	7,1	CxCa	
1875 1. MD	95,3	4,3	CxCa	Mikrodissektion an verschiedenen Tagen
1875 2. MD	93,4	4,4	CxCa	- " -
707 1. MD	390,5	5,5	CxCa	Mikrodissektion an verschiedenen Tagen
707 2. MD	760,29	5,4	CxCa	- " -
5449 1. MD	207,13	7,5	CxCa	Mikrodissektion am gleichen Tag (Vormittag)
5449 2. MD	251,16	7,3	CxCa	- " - (Nachmittag)

Insgesamt war es schwierig, Gewebeblöcke zu finden, die eine ausreichende Qualität der RNA aufwiesen und gut zu mikrodissektieren waren. Es wurden daher insgesamt 64 CxCa und 35 CIN3 mikrodissektiert, um am Ende ca. 1/4 davon auf den Microarrays hybridisieren zu können (12 CIN3, 11 verschiedene CxCa).

4.2.2 Microarray-Auswertung

Die Auswertung der Microarrays sowie die vorherige Hybridisierung erfolgte in Kooperation mit dem Institut für Vaskuläre Medizin (Prof. H. Funke, Dr. S. Mosig) des Universitätsklinikums Jena.

Bei allen Arrays war die Hybridisierung erfolgreich und auswertbar. In der Qualitätskontrolle zeigte sich, dass vier Proben erhöhte Abweichungen zu den anderen Daten aufwiesen (Abbildung 4.4). In zwei Hybridisierungen ergab sich eine erhöhte Streuung und in zwei weiteren Proben war der Median gegenüber den anderen Datensätzen verschoben. Für die weitere Auswertung im Anschluss an die Qualitätskontrolle wurden je nach Grundlage der Fragestellung diese Proben nicht berücksichtigt.

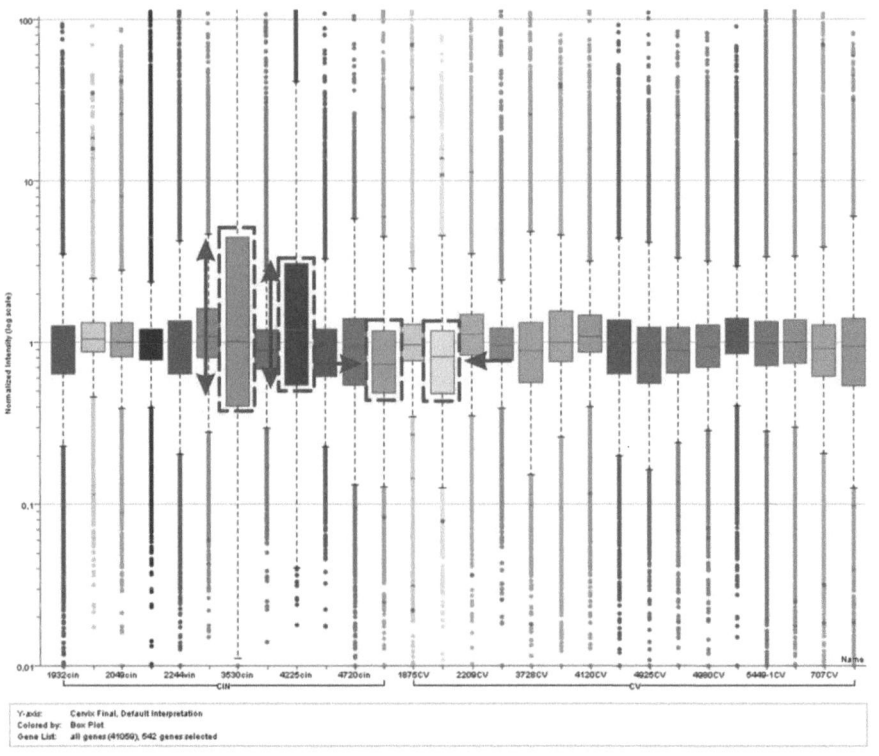

Abbildung 4.4: Die Auswertung der Microarrays dargestellt im Box-Plot; mit Pfeilen sind die Proben markiert, die durch ihren verschobenen Median oder ihre erhöhte Streuung nicht in das Muster der anderen Proben fallen; diese Proben wurden je nach Grundlage der Auswertung für die weiteren Analysen heraus genommen (siehe Text)

Ziel der Array-Hybridisierung war es, in CxCa gegenüber CIN3 herunter exprimierte Gene zu identifizieren. Insbesondere wurden die in den Voruntersuchungen eingegrenzten Bereiche auf Chromosom 4q35-qter und 10p14-15 (Abschnitt 1.3) in die Auswertungen einbezogen. Um die Daten umfangreicher zu nutzen, wurde zusätzlich die Expression des gesamten Transkriptoms untersucht. Hierzu wurde nach dem Welch T-Test mit einem p-Value cut-off von 0,05 das multiple Testen nach Benjamini und Hochberg angefügt, um die falsch positiven Gene zu minimieren [14]. Aus diesen Genen wurden vier zusätzliche Kandidaten identifiziert, die für eine weitere Untersuchung interessant sein könnten bzw. schon als Tumorsuppressor beschrieben wurden (Tabelle 4.3). In dieser Analyse konnten nur wenige Gene auf den Chromosomen 4 und 10 als weniger exprimiert identifiziert werden. Keines dieser Gene befand sich allerdings auf den zuvor eingegrenzten Bereichen (4q35-qter und 10p14-15). Aus diesem Grund wurden die Kriterien für die weiteren Analysen neu definiert.

Für den Welch T-Test wurde ein p-Value cut-off von 0,05 festgelegt ohne anschließendes multiples Testen. Zunächst wurden nur die Proben herangezogen, die nach der Qualitätskontrolle eine geringe Streuung aufwiesen sowie einen Median um 1 hatten (1. Analyse) (Abbildung 4.4). In weiteren Analysen wurden die Proben nicht berücksichtigt, die vor der Hybridisierung eine RIN <6 aufwiesen (2. Analyse) und in einer weiteren Auswertung wurden alle Proben einbezogen (3. Analyse). Die 2. und 3. Analyserunden wurden zusätzlich durchgeführt, um weitere Gene zu finden, die in der ersten Auswertung auf Grund der gewählten Kriterien nicht identifzierbar waren. Es ergab sich eine Liste mit sechs Genen auf dem chromosomalen Bereich 4q35-qter und neun Gene auf Chromosom 10p14-15 (Tabelle 4.3). Bis auf die Gene CYP4V2 und TRDMT1, die in der 2. Analyse identifziert werden konnten, wurden die übrigen Kandidaten in der 1. Analyse ermittelt. Nach der dritten Auswertung ließen sich keine weiteren neuen Gene detektieren.

Tabelle 4.3: Kandidatengene, die in CxCa schwächer als in CIN3 exprimiert waren

Agilent-Nr	Genname	Symbol	Chromosom	Expression (p-Value)
A_23_P104413	double homeobox, 4	DUX4	4q35	-1,92 (0,0382)
A_23_P121795	sorbin and SH3 domain containing 2	SORBS2	4q35.1	-1,83 (0,0487)
A_23_P140884	tubulin, beta polypeptide 4, member Q	TUBB4Q	4q35	-1,76 (0,0409)
A_23_P29922	toll-like receptor 3	TLR3	4q35	-2,3 (0,0024)
A_23_P358470	coiled-coil domain containing 111	CCDC111	4q35.1	-1,56 (0,0213)
A_23_P58180	cytochrome P450, family 4, subfamily V, polypeptide 2	CYP4V2	4q35.2	-1,96 (0,0446)
A_23_P104252	inter-alpha (globulin) inhibitor H5	ITIH5	10p14	-4,14 (0,0301)
A_23_P12849	F-box protein, helicase, 18	FBXO18	10p15.1	-1,34 (0,0228)
A_23_P1374	protein kinase C, theta	PRKCQ	10p15	-3,69 (0,0428)
A_23_P138680	interleukin 15 receptor, alpha	IL15RA	10p15-p14	-1,68 (0,00312)
A_23_P47073	WD repeat domain 37	WDR37	10p15.3	-1,39 (0,0355)
A_23_P75056	GATA binding protein 3	GATA3	10p15	-1,5 (0,0222)
A_24_P111096	6-phosphofructo-2-kinase/ fructose-2,6-bisphosphatase	PFKFB3	10p14-p15	-1,69 (0,017)
A_24_P252705	tRNA aspartic acid methyltransferase 1	TRDMT1	10p15.1	-1,55 (0,0238)
A_24_P360722	DIP2 disco-interacting protein 2 homolog C (Drosophila)	DIP2C	10p15.3	-1,39 (0,0433)
A_23_P119835	NLR family, CARD domain containing 4	NLRC4	2p22-p21	-2,42 (<0,05)
A_23_P141429	ABI family, member 3	ABI3	17q21.3	-2,16 (<0,05)
A_24_P237036	tumor necrosis factor (ligand) superfamily, member 14	TNFSF14	19p13.3	-2,53 (<0,05)
A_23_P41765	interferon regulatory factor 1	IRF1	5q31.1	-2,27 (<0,05)

4.2.3 Validierung ausgewählter Gene mittels quantitativer real-time PCR

Zu den ausgewählten Kandidatengenen wurden passende Primer für das 3'-Ende der mRNA der entsprechenden Gene entworfen (Tabelle 6.1). Die Überprüfung der Primer erfolgte an fünf Gesamtschnitten von Zervixkarzinomen und fünf Zelllinien (SiHa, CaSki, HeLa, HPKIA und HPKII). Wasser wurde als Negativ-Kontrolle verwendet. Anschließend wurden die PCR-Produkte auf ein 2 %-iges Agarosegel aufgetragen (Abbildung 4.5). Zeigten sich keine Primer-Dimere, aber Banden in der zu erwartenden Höhe, wurden die Primer für die Validierung der ausgewählten Gene in der real-time PCR verwendet. In Tabelle 4.4 sind die Expressionsunterschiede zwischen CIN3 und CxCa dargestellt. Im linken Teil sind die Ergebnisse aller in der real-time PCR getesteten Proben aufgeführt und im Vergleich dazu nur die Gewebeproben, die nicht auf dem Microarray hybridisiert wurden (rechter Teil der Tabelle).

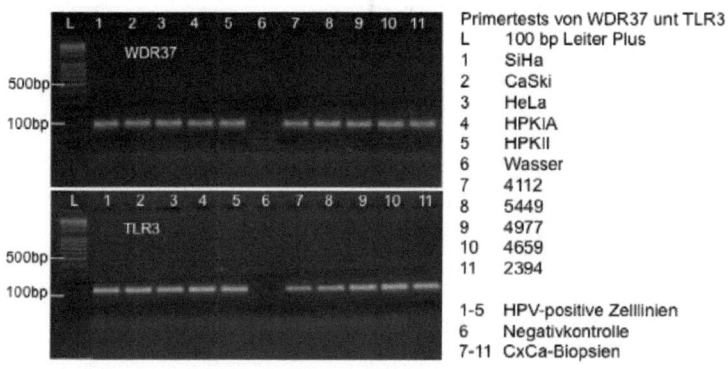

Abbildung 4.5: Gelbild der Primertests für die Gene WDR37 und TLR3: getestet wurden verschiedene Zervixkarzinomzelllinien und ausgewählte Zervixkarzinome

Tabelle 4.4: Ergebnisse der Validierung mittels quantitativer real-time PCR und Auswertung mittels REST [141] CIN3 vs. CxCa (jeweils 20 Proben)

Gen	REST CIN3 vs. CxCa	p-Value	REST CIN3 vs. CxCa (Proben nicht auf Array)	p-Value
ABI3	-3,708	<0,001	-2,074	0,1328
CYP4V2	-6,144	<0,001	-4,803	0,007
DIP2C	-3,368	<0,001	-3,025	0,0128
FBXO18	-2,445	<0,001	-2,222	0,0074
GATA3	-30,061	<0,001	-62,647	<0,001
IL15RA	-2,973	<0,001	-2,771	0,0276
IRF1	-12,183	<0,001	-3,343	0,0296
NLRC4	-4,121	<0,001	-13,104	<0,001
PFKFB	-1,971	0,0174	-2,034	0,087
PRKCQ	-8,048	<0,001	-6,076	0,0052
SORBS2	-31,709	<0,001	-76,847	<0,001
TLR3	-6,437	<0,001	-7,53	<0,001
TNFSF14	-90,782	<0,001	-91,816	<0,001
WDR37	-4,676	<0,001	-6,078	<0,001

Tabelle 4.5 stellt die Median-Werte der -1/∆ct-Werte dar. Die Normalisierung erfolgte mit den drei Houskeeping-Genen β-Actin, GAPDH 3' und HPRT. Getestet wurden jeweils 20 CIN3 und CxCa sowie ausgewählte Zelllinien.

Tabelle 4.5: Ergebnisse der Validierung aller getesten Proben; dargestellt sind die Median-Werte der -1/∆CT-Werte; ZL = Zelllinien

Gen	Median CIN3	Median CxCa	Median ZL
ABI3	-70	-230	-2266
CYP4V2	-169	-804	-752
DIP2C	-31	-107	-263
FBXO18	-15	-43	-52
GATA3	-7	-101	-450
IL15RA	-29	-77	-70
IRF1	-10	-35	-35
NLRC4	-112	-1083	-2139
PFKFB	-18	-32	-68
PRKCQ	-67	-320	-225
SORBS2	-184	-7007	-25014
TLR3	-130	-698	-229
TNFSF14	81	-1	3
WDR37	-18	-82	-76

Für zwei Kandidatengene (SORBS2 und TLR3) wurde jeweils ein Box-Plot dargestellt (Abbildung 4.6). Beide Gene zeigen ein signifikant niedrigeres Expressionsniveau von CIN3 zum

Zervixkarzinom. Bei SORBS2 liegt die Expression in den Zelllinien etwa auf der Höhe der Zervixkarzinomproben. Die SORBS2-Expressionsunterschiede der CIN3 und den Zelllinien ist hoch signifikant (p-Value < 0,001; Mann-Whitney U-Test). Die Expression von TLR3 in den ausgewählten Zelllinien befindet sich zwischen den Expressionslevels der CIN3- und CxCa-Proben und ist jeweils hoch signifikant (p-Value < 0,001; Mann-Whitney U-Test). Da alle validierten Gene einen signifikanten Unterschied in der Expression zwischen CIN3 und CxCa aufwiesen, wurden sie alle für die weiteren Untersuchungen einbezogen. Für die Validierung in Zelllinien wurden cDNAs von folgenden Linien verwendet: HPKIA früh und spät, HPKII früh und spät, CaSki, HeLa, SiHa, C33A, SW756 und C4.I.

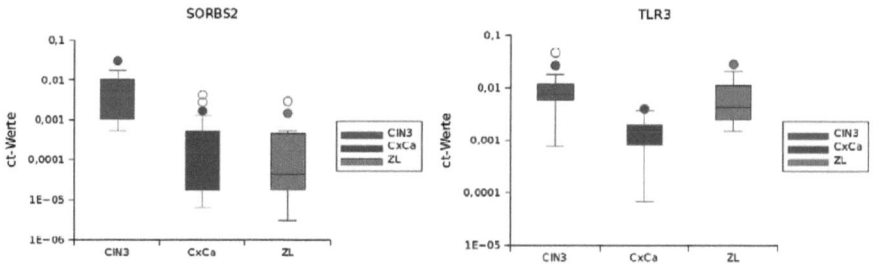

Abbildung 4.6: Box-Plots der Validierung exemplarisch für die Gene SORBS2 und TLR3 in CIN3, CxCa und ausgewählten Zelllinien

4.2.4 Expression ausgewählter Gene in verschiedenen Zelllinien mittels quantitativer real-time PCR

Für die Expressionsuntersuchungen wurden verschiedene HPV-positive und -negative Zelllinien ausgewählt. Zelllinien, in denen das untersuchte Gen am stärksten herunter reguliert war, wurden für die weiteren funktionellen Analysen herangezogen. Tabelle 4.6 zeigt die Ergebnisse der quantitativen real-time PCR in den untersuchten Zelllinien. Dargestellt sind die $-1/\Delta CT$-Werte. Die Normalisierung wurde mit den drei Housekeeping-Genen β-Actin, GAPDH 3' und HPRT durchgeführt. Markiert sind jeweils die beiden Zelllinien, in denen das entsprechende Gen am schwächsten exprimiert war.

Tabelle 4.6: Expression ausgewählter Gene in verschiedenen Zelllininen ermittelt mit real-time PCR; dargestellt sind die -1/ΔCT-Werte; rot markiert sind jeweils die beiden Zelllinien, in denen das entsprechende Gen am schwächsten exprimiert war

Zelllinie	ABI3	CYP4V2	DIP2C	FBXO18	GATA3	IL15RA	IRF1
HPK II spät	-4382	-1560	-457	-120	-651	-430	-44
HPK II früh	-3748	-905	-509	-134	-248	-129	-14
CaSki	-4660	-1603	-409	-97	-451	-85	-31
HeLa	-1609	-631	-348	-20	-788	-13	-39
SiHa	-739	-872	-139	-33	-448	-55	-51
C33A	-818	-113	-32	-11	-1022	-187	-51
HPK IA früh	-806	-400	-1006	-62	-75	-97	-25
HPK IA spät	-117	-316	-178	-48	-35	-37	-8
SW756	-2923	-1299	-165	-56	-1462	-35	-69
C4.I	-3252	-364	-49	-46	-85	-36	-17

Zelllinie	NLRC4	PFKFB	PRKCQ	SORBS2	TLR3	TNFSF14	WDR37
HPK II spät	-7525	-58	-256	-51328	-504	1,39	-122
HPK II früh	-2860	-59	-290	-30612	-223	1,53	-149
CaSki	-3435	-76	-145	-678	-190	2,56	-158
HeLa	-905	-80	-170	-345	-248	5,46	-66
SiHa	-1331	-152	-401	-56208	-515	6,55	-71
C33A	-1029	-29	-47	-321995	-665	3,66	-37
HPK IA früh	-2265	-30	-366	-125301	-76	4,81	-80
HPK IA spät	-310	-25	-195	-19415	-48	20,75	-47
SW756	-2262	-138	-598	-3674	-234	1,81	-154
C4.I	-2016	-144	-116	-1881	-35	1,47	-47

4.3 Klonierung der Kandidatengene

Neben dem herkömmlichen Verfahren der reversen Transkription von gesamt RNA in cDNA, gibt es heute große Bibliotheken von möglichen cDNAs. Für weitere funktionelle Analysen ist es unverzichtbar, mit cDNAs zu arbeiten, um ein optimales Ergebnis bei Transfektion und Transduktion zu erhalten.

4.3.1 Analyse der ImaGenes Klone und Amplifikation der ORFs

Für weitere Untersuchungen der Kandidaten-Gene wurden auf die cDNA-Klone der Firma ImaGenes (Berlin, BRD) zurückgegriffen. Die cDNA-Klone für die Gene ABI3, CYP4V2, DIP2C, FBXO18, IL15RA, NLRC4, PFKFB3, SORBS2-1, SORBS2-2, TLR3, TNFSF14 und WDR3 waren erhältlich. Nach der Vermehrung der Bakterienkolonien konnten die Plasmide isoliert werden. Vor der weiteren Verwendung wurden die ORFs mit den entsprechenden Primern (Tabelle 6.2) zur Sequenzierung an die Firma Seq-lab (Göttingen, BRD) geschickt. Tabelle 7.1 dokumentiert die verwendeten cDNA-Klone, sowie weitere Plasmide. Die Gene wurden mittels den entsprechenden Primern mit angehängten Restriktionsschnittstellen und einem Proofreading-Polymerase-System amplifiziert (Tabelle 6.3). Die PCR-Produkte wurden anschließend auf ein 1 %-iges Agarosegel aufgetragen und die jeweilige Bande in der zu erwartenden Größe ausgeschnitten. Abbildung 4.7 zeigt exemplarisch ein 1 %-iges Agarosegel nach einer Long Expand Template PCR der ORFs der cDNA-Klone CYP4V2, IL15RA, NLRC4, PFKFB3, SORBS2-2 und TNFSF14. Die Produkte lagen in den erwarteten Größen vor.

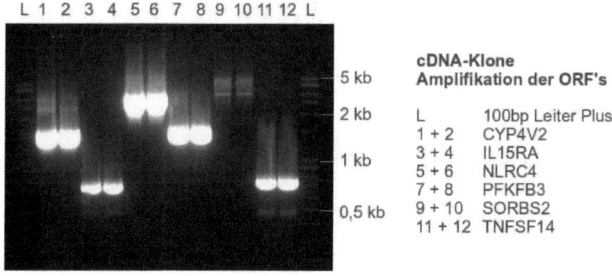

Abbildung 4.7: cDNA-Klone - Amplifikation der ORFs; die entsprechenden PCR-Produkte wurden jeweils auf zwei Spuren aufgetragen; in Spur 9 und 10 war die Amplifikation von SORBS2-2 nicht optimal und wurde in einem späteren Ansatz wiederholt.

4.3.2 Klonierung in pJET und Sequenzierung

Nach der Amplifikation der Gene und der Aufreinigung der PCR-Fragmente erfolgte die Klonierung in den Vektor pJET. Die Proofreading-Funktion des Polymerase-Systems erzeugte kein überhängendes Adenosin, so dass die aus dem Gel ausgeschnittenen PCR-Produkte direkt in den blunt-end Vektor pJET kloniert werden konnten. Dieser wurde anschließend in kompetente *E. colis* transformiert und auf LB-Medium-Agarplatten ausplattiert. Positive Kolonien konnten am nächsten Tag für eine weitere Mini-Kultivierung (5 ml) gepickt werden, um eine ausreichende Plasmidisolierung zu erhalten. Die isolierten Plasmide wurden zunächst mit einem Restriktionsverdau überprüft (Abbildung 4.8). Konstrukte mit dem erwarteten Bandenmuster wurden mit den entsprechenden Primern (Tabelle 6.2) zur Sequenzierung an die Firma Seqlab versandt.

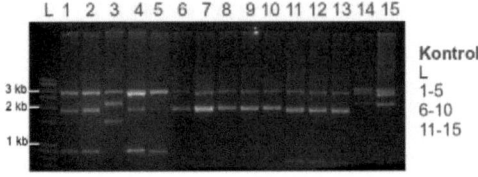

Abbildung 4.8: Kontrollverdau von Plasmiden mit BgIII; die Reihen 1, 2, 4, 5 (ING1-pJet), 6-10 (ING2-pJet) und 11-13 (IL15RA-pJet) enthielten Banden in den jeweils erwarteten Größen; die Plasmide der Reihen 1, 6 und 11 wurden sequenziert

Es zeigte sich, dass die jeweiligen ORFs von NLRC4 und PFKFB3 auch nach mehrmaligen Versuchen mit dem Proofreading-System nicht ohne Fehler amplifiziert werden konnten. Diese Gene konnten für die weiteren Versuche nicht verwendet werden, da es zu gravierenden Unterschieden in der Aminosäure-Sequenz kam. Der ImaGenes Klon für SORBS2 (SORBS2-2) entspricht der kodierenden Sequenz der Transkriptvariante 2 (NM_021069.4) ohne das Exon 24, aber zusätzlich mit Exon 21. Bei SORBS2-1 fehlt nur Exon 24 [11]. Für die weiteren Arbeiten konnten nach Sequenzierung folgende Gene verwendet werden:

- ABI3, CYP4V2, DIP2C, FBXO18, IL15RA, SORBS2-1, SORBS2-2, TLR3, TNFSF14, WDR37, p33ING1 und p33ING2

Tabelle 4.7 zeigt die Unterschiede in der Aminosäuresequenz zwischen den Datenbankeinträgen und den verwendeten Sequenzen in dieser Arbeit bei den Genen ABI3, SORBS2-1, SORBS2-2 und TNFSF14. Die anderen Gene entsprechen den Einträgen in den Datenbanken.

Tabelle 4.7: Unterschiede in der Aminosäuresequenz einzelner Gene im jeweiligen ImaGenes-Klon und/oder nach Amplifikation mittels Long Expand Template PCR

Gen	AS-Austausch	Unterschied durch PCR	Unterschied bestand schon in Klon
ABI3	44: R→Q	/	X
SORBS2-1	ohne Exon 24 (NM_021069.4)	/	X
SORBS2-2	ohne Exon 24; mit Exon 21 (NM_021069.4)	/	X
TNFSF14	120: V→L	/	X Abbruch Protein-Sequenz nach 177 AS wegen Stop-Kodon

4.3.3 Umklonierung in lentiviralen Vektor pCDH

Durch die Sequenzierung bestätigte Gene wurden mit den passenden Restriktionsenzymen (Tabelle 6.3) aus dem Vektor pJet ausgeschnitten und über ein Gel aufgereinigt. Der Zielvektor pCDH wurde parallel in seiner MCS (multiple cloning site) mit den selben Enzymen geschnitten und aufgereinigt. Nach der Ligation wurden die Konstrukte in kompetente *E. colis* (XL-1 blue) transformiert, auf Ampicillin-haltigen Agarplatten ausplattiert und über Nacht kultiviert. Nach dem Picken von Kolonien und Anzüch-ten von Mini-Kulturen sowie der Aufarbeitung wurden die Plasmide mittels Restriktionsverdau überprüft. Positive Klone wurden anschließend im größeren Maßstab kultiviert, um eine größere Plasmid-Menge zu erhalten.

Aufgrund von Wiederholungssequenzen in den LTRs (long terminal repeats) von lentiviralen Vektoren kann es zu ungewollten Rekombinationsereignissen kommen. Um dies zu vermeiden bzw. die Frequenz dieser Ereignisse zu reduzieren wurde zusätzlich der *E. coli*-Stamm Stbl3 verwendet. Die Gene p33ING2, FBXO18, SORBS2-1 und DIP2C in dem Vektor pCDH wurden in diesen Stamm transformiert und erfolgreich kultiviert sowie ausreichend Plasmid isoliert.

4.4 Transduktion der Kandidatengene

Für die funktionellen Analysen wurde das System der Lentiviren als Genfähren genutzt. Hierzu wurden entsprechende Viren produziert, die das jeweilige Gen in Form von RNA in die Zielzellen transportieren sollten. Lentiviren infizieren sich teilende und nicht-teilende Zellen sehr effizient. In der Zelle wird die RNA durch die mitverpackte Reverse Transkriptase in DNA umgeschrieben und mit Hilfe der Integrase stabil in das Genom eingebaut [88]. Durch einen vorgeschalteten starken Promotor wird dann das Gen kontinuierlich exprimiert. Somit ist es auch möglich, transduzierte Zellen über einen längeren Zeitraum zu beobachten.

4.4.1 Etablierung der $CaPO_4$-Transfektion

Die $CaPO_4$-Transfektion nach Chen und Okayama ist eine effiziente und günstige Methode, Plasmid-DNA in eukariotische Zellen zu transfizieren [27]. Sie wurde verwendet, um die verschiedenen Plasmide für die Produktion von Lentiviren in HEK293T Zellen einzubringen. Zunächst wurde nach dem Protokoll von Chen und Okayama verfahren [27]. Mit dem Ziel der Effizienzverbesserung konnte das Protokoll dahingehend optimiert werden, die Zahl virusproduzierender Zellen zu steigern. Es zeigte sich im Verlauf der Arbeiten, dass die BES-Lösung in kleinere Mengen aliquotiert werden sollte. Ein wiederholtes Einfrieren und Auftauen führte zu starken Einbußen in der Transfektions-Effizienz. Die aliquotierten

Mengen sollten darüber hinaus nicht über mehrere Wochen gelagert werden, da sonst die Transfektion ebenfalls nicht optimal verlief. Die Transfektions-Effizienz zeigte sich am höchsten für die Ansätze in 6 cm-Schalen (Abbildung 4.9). Um einen Kompromiss für die Stabilität der Viren und der Transfektionseffizienz zu finden, wurden die transfizierten HEK293T Zellen nach dem Spülen mit PBS bei 32 °C für einen bzw. zwei Tage weiter kultiviert.

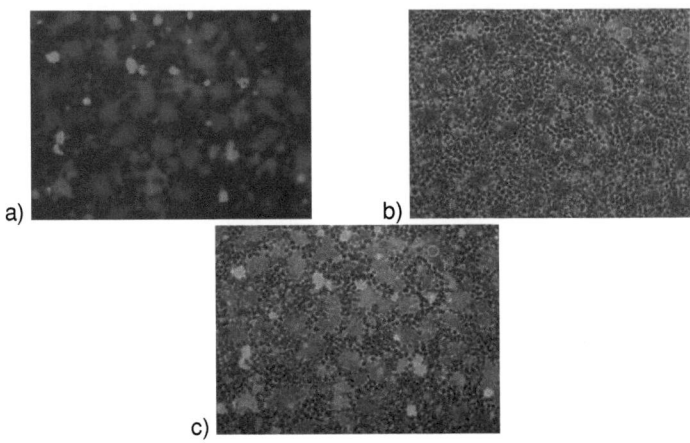

Abbildung 4.9: HEK293T Zellen nach CaPO$_4$-Transfektion mit den 3 Verpackungsplasmiden pMDL, pRSV und pVSV-G sowie dem zu verpackenden Plasmid-Konstrukt eGFP-pCDH (Vergrößerung x200).
a) Fluoreszenz-Bild: grün-leuchtende Zellen exprimieren eGFP, wobei die großen, meist schwächer leuchtenden Zellen die Virus-produzierenden Synzytien sind
b) Hellfeld-Aufnahme von Abbildung (a) der synzytialen Zellen
c) Fluoreszenz- und Durchlicht-Aufnahme: die synzytialen Zellen leuchten grün

4.4.2 Etablierung der lentiviralen Transduktion

Die Virionen werden vollständig in der Zelle zusammengesetzt und in Richtung Zellmembran transportiert, wo sie durch Umhüllung mit Zellmembran aus der Zelle ausknospen. In der Zellmembran befindet sich das durch Transfektion eingebrachte VSV-G Protein, das eine polytrope Erkennung der Viren verschiedener Zellspezies erlaubt [88].

4.4.2.1 Ermittlung des geeigneten Transduktionsreagenz

Einen Tag nach dem Spülen der transfizierten HEK 293T Zellen konnten die Lentiviren geerntet werden. Hierzu wurde das Medium abgenommen und filtriert. Ein Teil (1/3) des Mediums wurde mit Polybrene versetzt. Polybrene (hexadimethrine bromide) ist ein Polykation. Es neutralisiert zum einen die negative Ladung der Zelloberfläche und ermöglicht es somit dem Virus besser an die Zelle zu binden. Zum anderen kommt es zu einer Aggregation mehrerer Virionen um das Polybrene. Dieser Zusammenschluss kann durch Zentrifugation auf die Zielzellen gebracht werden. Insgesamt wird dadurch die Effizienz der Transduktion verbessert, allerdings ist es für die Zellen toxisch. Parallel dazu wurden zwei Lipid-basierte Transfektionsreagenzien, Lipofectamine 2000 (Invitrogen) und Turbofect (Fermentas), getestet, die ebenfalls Komplexe mit dem Virus bilden konnten. Zu jeweils 3 ml Medium mit einem eGFP-enthaltenden Virus wurden 2 µg/ml Polybrene bzw. jeweils 3 µl der Transfektionsreagenzien gegeben. Eine Kontrolle mit virushaltigem Medium ohne Zusätze wurde mitgeführt. Es wurden die Zelllinien SiHa und HeLa verwendet. Ohne Zusätze und mit 2 µg/ml Polybrene sahen die Zellen am nächsten Tag sehr vital aus und es gab nahezu keine toten Zellen (mikroskopische Beurteilung). Die Ergebnisse des Tests sind aus Tabelle 4.8 zu entnehmen. Es gab kaum Unterschiede in der Anzahl grün leuchtender Zellen zwischen den verschiedenen getesteten Reagenzien. Für die weiteren Versuche wurde das Polybrene genutzt.

Tabelle 4.8: Gegenüberstellung unterschiedlicher, getesteter Transduktionsreagenzien

Reagenz	Beurteilung
Polybrene	vitale Zellen; wenige tote Zellen
Lipofectamine 2000	Zellen bildeten viele und große Vakuolen; viele tote Zellen
Turbofect	vitale Zellen; wenige tote Zellen

Auf Grund der Toxizität von Polybrene wurde mit verschiedenen Konzentrationen gearbeitet, um bei möglichst minimaler Belastung der Zellen gleichzeitig die Transduktionseffizienz zu erhöhen. Es zeigte sich, dass alle Zellen mit einer Polybrene-Konzentration von 2 µg/ml gut zurecht kamen. Um die Bela-stungen für die Zellen so gering wie möglich zu halten, wurde das Polybrene nur im ersten Infektionszyklus in das virushaltige Medium gegeben. In den darauf folgenden zwei Infektionszyklen blieb jeweils das Medium auf den Zellen und neues wurde zusätzlich auf die Zellen gegeben und anschließend zentrifugiert. Nach der Transduktion sahen die Zellen noch gut und vital aus. Schon bei Konzentrationen von 4 µg/ml zeigten einige Zellen 1-2 Tage nach der Transduktion eine veränderte Morphologie und starben schnell ab, während bei einer Konzentration von nur 1µg/ml Polybrene die Anzahl der grün-leuchtenden Zellen geringer war als bei 2 µg/ml.

4.4.2.2 Transduktion von Zelllinien und primären Fibroblasten

Nach der letzten Zugabe von virushaltigem Medium auf die Zellen am zweiten Tag wurde der gesamte Überstand nach weiteren sechs Stunden Inkubationszeit abgenommen und die Zellen mit Kulturmedium 1 weiter kultiviert. Zellen, transduziert mit eGFP, zeigten die ersten leuchtenden Signale 1 bis 2 Tage nach Transduktion. Am dritten Tag nach Transduktion zeigten fast alle Zellen nach entsprechender Anregung grün leuchtende Signale. Somit konnte eine Transduktionseffizienz von 90-100 % erzielt werden (Abbildung 4.10). Um auszuschließen, dass einzelne Zellen, die nicht transduziert wurden, einen Wachstumsvorteil hatten, wurden die Zellen mit Puromycin selektioniert. Für jede Zelllinie wurden die optimalen Konzentrationen ermittelt, da sie unterschiedlich empfindlich auf das Antibiotikum reagierten (Tabelle 4.9). Die Selektion wurde für 5-7 Tage durchgeführt.

Tabelle 4.9: Optimierte Puromycin-Konzentrationen für primäre Fibroblasten und verschiedene Zelllinien

Zelllinie	Puromycin-Konzentration
primäre Fibroblasten	0,75 µg/ml
HPK IA früh	0,5 µg/ml
HPK IA spät	0,75 µg/ml
SiHa	0,5 µg/ml
CaSki	0,5 µg/ml
HPK II früh	0,75 µg/ml
HPK II spät	1 µg/ml
SW756	1 µg/ml
C33A	1 µg/ml

Es zeigte sich, dass während der Selektion insgesamt kaum Zellen abstarben und die Transduktion somit nahezu alle Zellen erreichte (Abbildung 4.10).

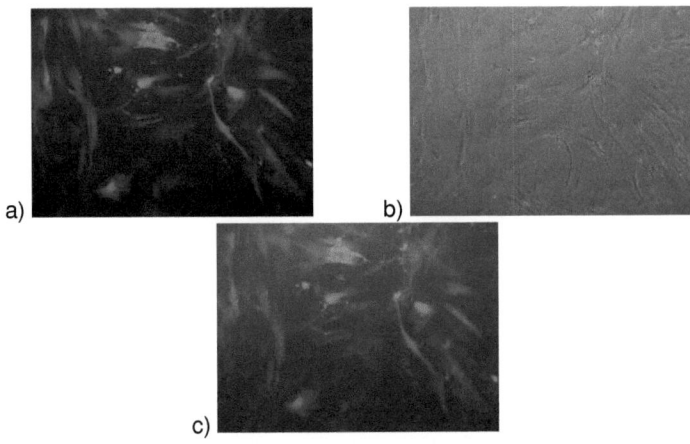

Abbildung 4.10: Effizienz der Transduktion am Beispiel von primären Fibroblasten mit eGFP (Vergrößerung x200)
a) Fibroblasten mit eGFP: Aufnahme 1 Woche nach Transduktion
b) Hellfeld-Aufnahme der Fibroblasten aus Abbildung (a)
c) Kombination aus Fluoreszenz- und Durchlicht: nahezu alle Fibroblasten wurden infiziert und leuchten grün

Im späteren Verlauf der Versuche wurde deshalb bei den Fibroblasten und Keratinozyten auf eine Selektion verzichtet, um neben der Transduktion weitere Eingriffe in die Zellphysiologie zu vermeiden. Transduzierte Zelllinien wurden als stabile Linien dem Proliferations- und Seneszenztest unterzogen.

4.4.2.3 Transduktion von primären Keratinozyten

Primäre Keratinozyten brauchten für ihr Wachstum ein spezielles Medium (EpiLife) mit darauf abgestimmten Zusätzen. HEK293T Zellen wurden mit D-MEM und fetalem Kälberserum kultiviert, in dem sich nach ihrer Produktion die Lentiviren befanden. Für die Transduktion der Keratinozyten wurde zu-nächst das gleiche Protokoll wie für Fibroblasten und die Zelllinien angewendet. Nach der Transduktion wurde das virushaltige Medium entfernt und durch Epi-Life ersetzt. Es zeigte sich, dass die Zellen zwei Tage nach Transduktion eine Veränderung in der Morphologie aufwiesen und nach weiteren 1-2 Tagen abstarben. Diese Beobachtungen machten eine Modifizierung des Transduktions-Protokolls nötig. Die Dauer der Transduktion wurde auf ca. 10 h begrenzt, wodurch die Einwirkzeit des D-MEM und FCS somit auf ein Minimum begrenzt wurden. Weiterhin wurden die drei Infektionsrunden eingehalten, wobei sich die jeweiligen Inkubationszeiten nach Zugabe der Viren und dem Zentrifugationsschritt auf 2-3 h beschränkten. Nach der Transduktion der Keratinozyten konnten diese wieder mit EpiLife kultiviert werden und das Medium wurde während der Versuchsdauer alle zwei Tage gewechselt. Die Zellen sahen sowohl direkt nach der Transduktion als auch zwei und drei Tage später vital aus und zeigten keine morphologisch negativen Veränderungen. Trotz des kürzeren Protokolls war auch hier die Effizienz bei ca. 90 % (Abbildung 4.11).

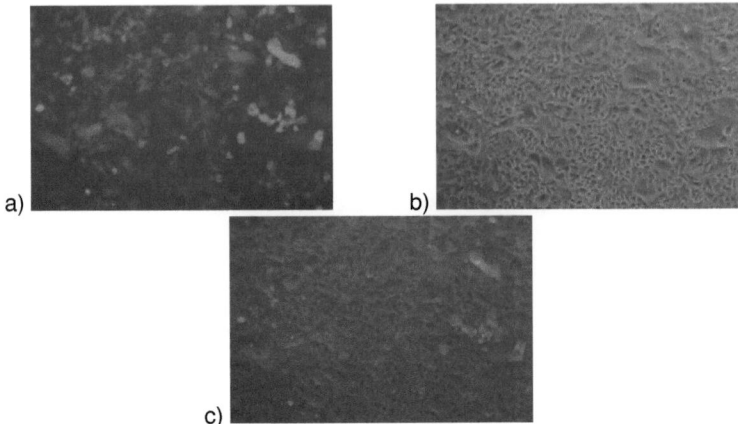

Abbildung 4.11: Beurteilung der Effizienz von transduzierten primären Keratinozyten mit eGFP nach dem angepassten Protokoll (Vergrößerung x200)
a) Fluoreszenz-Aufnahme: die Transduktionseffizienz betrug ~90 %
b) Hellfeld-Aufnahme von Abbildung (a): die Fläche ist eine Woche nach Transduktion dicht bewachsen; die größeren Zellen sind differenzierte Keratinozyten
c) Kombination aus Hellfeld- und Fluoreszenz-Belichtung des Objektes: ca. 90 % der Zellen fluoreszieren grün

4.5 Überprüfung der Genexpression und Transduktionseffizienz

Zur Bestätigung der ektopischen Genexpression wurden verschiedene Nachweisverfahren angewendet. Somit lässt sich nicht nur eine Aussage über den Erfolg der Transduktion machen, sondern auch wie stark die Expression der entsprechenden Gene ist und wie sich diese mit und ohne Selektionsdruck verhält.

4.5.1 Northern Blot

Für den ersten Nachweis wurde die Expression auf RNA-Ebene untersucht. Hierzu wurden verschiedene Gene in ihren entsprechenden Zelllinien ausgewählt, die repräsentativ für die durchgeführten Transduktionen mit weiteren Genen in diesen und anderen Zelllinien stehen sollen.

Nach der Transduktion der Zellen in 12-Well-Platten wurde mit der Selektion frühestens bei einer Konfluenz von 70 % begonnen und für 5-7 Tage durchgeführt. Bei annähernder

Konfluenz wurden die Zellen von jeweils 3 Wells einer 12-Well-Platte vereinigt und in 6 cm-Schalen weiter kultiviert. Bei Erreichen der Konfluenz wurden die Zellen für eine spätere RNA-Isolation geerntet und bei - 80 °C gelagert.

Die Transkriptionsrate der einzelnen Gene in den exemplarisch getesteten Zelllinien war sehr hoch (Abbildungen 4.12, 4.13 und 4.14). Auf den exponierten Röntgenfilmen war nur jeweils eine spezifische scharfe Bande mit genspezifischer Größe zu erkennen (Tabelle 6.4). Die Bandenintensitäten lassen keinen Unterschied zwischen selektionierten und nicht selektionierten Zellen erkennen. Alle Banden erscheinen gleich stark. Das läßt auf eine hohe Transduktionseffizienz schließen. Der Expressionsunterschied zwischen der Negativ-Kontrolle mit dem Leervektor pCDH und den entsprechenden Genen ist eindeutig. In der Negativ-Kontrolle sind sowohl mit als auch ohne Selektion keine Banden zu erkennen. Die Genexpressionen wurden jeweils im Triplikat getestet. Es wurden nicht-denaturierende MOPS-Gele verwendet.

Die Stärke der Expression von ABI3 variiert zwischen den beiden Zelllinien HPKII und CaSki (Abbildung 4.12). In den HPKII Zellen ist die Expression etwas schwächer. WDR37 in CaSki zeigt eine ähnliche Bandenintensität wie ABI3 in der selben Zelllinie (Abbildung 4.13). Die gezeigten Röntgenfilme wurden für drei Tage auf dem jeweiligen Blot exponiert.

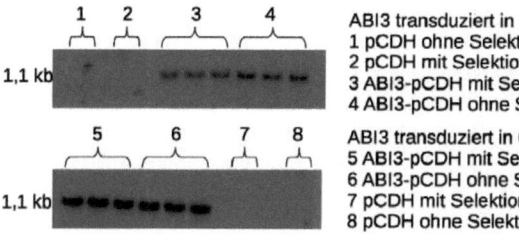

Abbildung 4.12: Northern Blots der transduzierten Zelllinien HPKII und CaSki mit dem Gen ABI3 in dem lentiviralen Vektor pCDH; der Leervektor wurde als Negativ-Kontrolle (1 und 2, 7 und 8) eingesetzt; der Vergleich von selektionierten (3 und 5) und unselektionierten (4 und 6) Zellen mit Puromycin zeigt keine Unterschiede in der Bandenintensität; die Exposition des Röntgenfilms erfolgte für drei Tage.

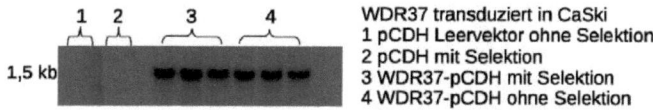

Abbildung 4.13: Northern Blot der transduzierten Zelllinie CaSki mit WDR37-pCDH; Leervektor (pCDH) = Negativ-Kontrolle (1 und 2); es ist kein Unterschied in der Bandenintensität zwischen selektionierten (3) und unselektionierten (4) Proben zu erkennen.

Bei der Expression von IL15RA in HPKII Zellen war die Expression sehr stark und ein weiterer Röntgenfilm wurde anschließend noch einmal für 24 h exponiert (Abbildung 4.14). Anschließend wurden die spezifischen Banden deutlicher sichtbar. Im Vergleich zu ABI3, das in der selben Zelllinie exprimiert wurde, zeigt sich hier eine deutlich stärkere Expression. Dennoch sind auch in der Negativ-Kontrolle keine Banden zu erkennen.

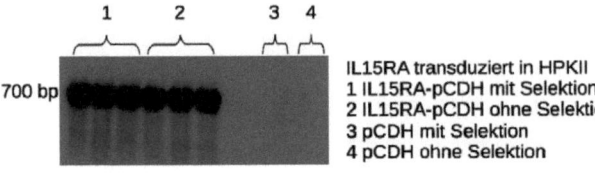

Abbildung 4.14: Northern Blots der transduzierten Zelllinie HPKII mit IL15RA im Vektor pCDH; der Leervektor ist als Negativ-Kontrolle verwendet worden (3 und 4); Röntgenfilmexposition erfolgte für 24 h; sowohl die selektionierten (1) als auch die unselektionierten (2) Zellen zeigen in beiden Blots jeweils die gleiche Bandenintensität.

Es lässt sich zusammenfassend sagen, dass zum einen die Transduktion gut funktionierte und die Effizienz sehr hoch war. Des Weiteren gab es keinen Unterschied zwischen selektionierten und nicht-selektionierten Zellen. Aufgrund dieser Ergebnisse wurde die Selektion nur noch für Langzeitbeobachtungen und für die Herstellung stabiler Klone durchgeführt.

Für Langzeitbeobachtungen von primären Fibroblasten (u.a. für die Seneszenztests) wurden die Zellen für 5-7 Tage mit Puromycin selektioniert. Zunächst wurden die Zellen in 12-Well-Platten transduziert und nach Erreichen der Konfluenz in 6 cm-Schalen überführt. Die 6 cm-Schalen der einzelnen Versuchs-ansätze wurden bei annähernder Konfluenz 1:2 gesplittet und jeweils 2 Schalen fortgeführt. Nach Er-reichen der Konfluenz wurde eine Schale wieder als Hauptschale gesplittet und weiter kultiviert, während die zweite konfluente Schale für den Seneszenz-Test herangezogen wurde oder die Zellen für eine spätere RNA-Isolation geerntet wurden. Somit konnte alternierend zum Seneszenz-Test die Expression der Gene in den primären Fibroblasten überprüft werden. Da in den durchgeführten Seneszenz-Assays die beiden Gene TLR3 und SORBS2 mit den Varianten 1 und 2 die deutlichsten Ergebnisse zeigten, wurden für diese Gene Northern Blot-Analysen durchgeführt.

Für die drei untersuchten Gene standen jeweils drei verschiedene RNA-Isolate zu den Zeitpunkten p1, p3 und p5 zur Verfügung. Während die Zellen von p2, p4 und p6 für die Seneszenz-Tests verwendet wurden. Die Signale nach der Expression der beiden Varianten von SORBS2 zu den verschiedenen Zeitpunkten sind deutlich zu erkennen (Abbildung 4.15 Linien 1-4 und 6+7) während in den Negativ-Kontrollen nur eine schwache basale Expression der beiden SORBS2-Varianten zu erkennen ist (Abbildung 4.15 Linien 5+8). Für die beiden Varianten von SORBS2 wurde nur eine Sonde verwendet, da beide mögliche Sonden die RNA der jeweils anderen Variante binden konnte. Neben der Expression von

SORBS2 in primären Fibroblasten wurde für eine weitere Überprüfung auch die Expression in den beiden Zelllinien HPKIA früh und HPKII spät herangezogen. Diese beiden Zelllinien mit ektopisch exprimiertem SORBS2 wurden für den Proliferationsassay eingesetzt. Auch hier bestätigt sich die Expression der beiden SORBS2-Varianten und die Effizienz der Transduktion. Dies steht in Übereinstimmung zu den oben genannten Genen in den entsprechenden Zelllinien (Abbildungen 4.12, 4.13 und 4.14).

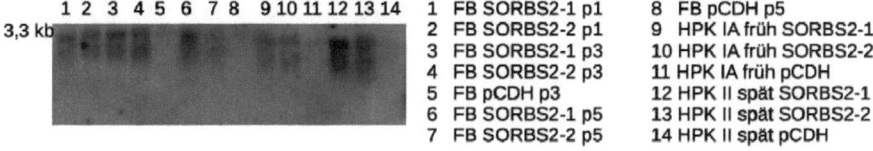

1 FB SORBS2-1 p1	8 FB pCDH p5
2 FB SORBS2-2 p1	9 HPK IA früh SORBS2-1
3 FB SORBS2-1 p3	10 HPK IA früh SORBS2-2
4 FB SORBS2-2 p3	11 HPK IA früh pCDH
5 FB pCDH p3	12 HPK II spät SORBS2-1
6 FB SORBS2-1 p5	13 HPK II spät SORBS2-2
7 FB SORBS2-2 p5	14 HPK II spät pCDH

Abbildung 4.15: Northern Blot von Fibroblasten (FB) und den Zelllinien HPKIA früh und HPKII spät nach Transduktion mit SORBS2-1 oder -2; der lentivirale Vektor pCDH (Leervektor) diente als Negativ-Kontrolle; die Proben 1-8 sind parallele RNA-Aufarbeitungen zu den Seneszenz-Tests (Kapitel 4.6.2) (p = population doublings). Ein kleiner Größenunterschied zwischen den beiden SORBS2-Varianten ist zu erkennen: SORBS2-1 1,9 kb; SORBS2-2 3,3 kb (es wurde kein denaturierendes Gel verwendet).

In Abbildung 4.16 ist der Northern Blot der Expression von TLR3 in primären Fibroblasten und zwei Zell-linien dargestellt. Die Zellernten der Fibroblasten war entsprechend, wie oben unter SORBS2 beschrie-ben, parallel zu den Seneszenz-Tests. TLR3 ist zu den Zeitpunkten von p1, p3 und p5 deutlich exprimiert (Reihen 1, 2 und 4), während bei der Negativ-Kontrolle mit dem Leervektor (Reihe 3 und 5) nur eine schwache Basalexpression zu erkennen ist.

Die beiden hier gezeigten Zelllininen HPKII spät und SiHa und die dargestellte ektopische Expression entspricht den Zellen, die für die Proliferationsassays verwendet wurden. Auch hier ist eine deutliche Expression gegenüber dem Leervektor zu erkennen. Bei SiHa zeigte sich eine sehr starke Expression des Gens. Ähnliche Unterschiede in der Expression konnte schon bei dem oben genannten Gen ABI3 in den beiden Zelllinien HPKII und CaSki gesehen werden (Abbildung 4.12).

In dem gezeigten Blot ist neben der erwarteten Hauptbande (oben) auch ein kleineres Produkt zu erkennen. Die zweite Bande könnte ein mögliches Spleißprodukt von TLR3 sein, denn es erscheint nicht nur in den transduzierten Zellen sondern - mit schwacher Signalstärke - auch in den Kontrollen. Hierbei könnte es sich um eine bisher unbekannte Spleißvariante handeln, die auf einer ungewöhnlichen, Exon-internen Spleißstelle in Exon 4 basieren könnte. Für diese Position ist bereits ein Spleißereignis bekannt, das zu einer Verkürzung des Transkriptes um 194 bp führt. Während diese Reduzierung wahrscheinlich nicht ausreicht, um die deutliche Größendifferenz zwischen beiden Banden zu erklären, besteht die Möglichkeit des Auspleißen eines größeren Fragments unter Nutzung der oben genannten

Exon-internen Spleißstelle.

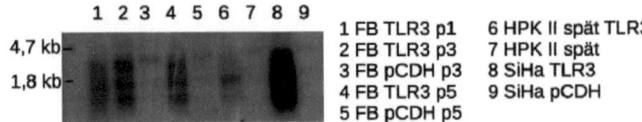

Abbildung 4.16: Northern Blot von Fibroblasten (FB) und den Zelllinien HPKII spät und Si-Ha nach der Transduktion mit TLR3 (2,7 kb); der Leervektor (pCDH) diente als Negativ-Kontrolle; die Proben 1-5 sind parallele RNA-Aufarbeitungen zu den Seneszenz-Tests (Kapitel 4.6.2) (p = population doublings).

4.5.2 Immunfluoreszenz und Western Blot

Für eine weitere Validierung der Gene wurden Antikörper für die Gene TLR3 und SORBS2 verwendet, um deren Expression auch auf Proteinebene bestätigen zu können. Die Antikörper sollten für die Immunfluoreszenz an CytoSpins der entsprechenden transduzierten Zellen eingesetzt werden. Obwohl die Antikörper laut Hersteller dafür geeignet waren, ließ sich kein Unterschied zwischen Positiv- und Negativ-Kontrolle feststellen. Zwei der vier verwendeten TLR3-Antikörper funktionierten nicht oder nur sehr mangelhaft. Aufgrund dessen wurden die Zellen der CytoSpins lysiert und für SDS-Gele und We-stern Blots eingesetzt.

Der Antikörper für TLR3 (L-13) von Santa Cruz zeigte im Western Blot eine Bande, die allerdings nicht der spezifischen Bande für TLR3 entsprach. Das Protein TLR3 besteht aus 904 Aminosäuren mit einem Molekulargewicht von 103,8 kDa. Auch durch die Verwendung einer Positiv-Kontrolle mit einem Lysat aus Namalwa-Zellen (Santa Cruz) ließ sich die Bande auf der erwartete Höhe nicht detektieren. Die Bande erschien bei einem deutlich niedrigeren Molekulargewicht von ca. 60-62 kDa. Durch die Verwendung eines neuen Antikörpers gegen TLR3 von Sigma wurden zwar mehr Banden auf dem Röntgenfilm sichtbar, allerdings war auch hier keine eindeutige Identifizierung der erwarteten TLR3-Bande möglich. Trotz Optimierung der Blot- und Waschbedingungen konnte das Bandenmuster nur geringfügig reduziert werden. Es zeigte sich in den detektierten Banden kein Unterschied zwischen Positiv- und Negativ-Kontrollen. Als Negativ-Kontrolle diente der Leervektor pCDH und als Positiv-Kontrolle wurde HeLa verwendet.

Die Western Blot-Analysen für die beiden SORBS2-Varianten mit dem entsprechenden Antikörper von Santa Cruz war erfolgreich und bestätigte die Ergebnisse der Northern Blots (Abbildung 4.17). Die Banden für die beiden SORBS2-Varianten wurden bei 64 kDa (kürzere Variante) und 72 kDa (längere Variante) erwartet.

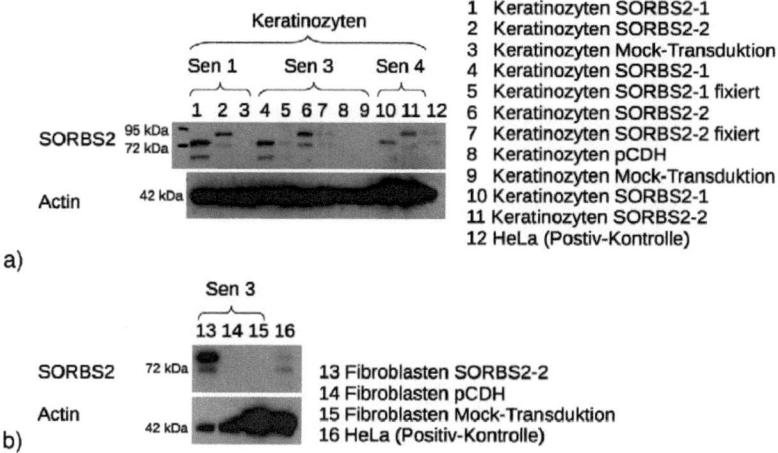

Abbildung 4.17: Western Blots von Keratinozyten (a) und Fibroblasten (b) nach der Transduktion mit SORBS2-1 oder -2; als Auftragskontrolle diente Actin (42 kDa); HeLa diente in beiden Blots als Posititv-Kontrolle
a) Parallel zum Seneszenz (Sen)-Test (Kapitel 4.6.2) wurden Keratinozyten vom gleichen Versuchs-ansatz für Zelllysate verwendet; die beiden untersuchten SORBS2-Varianten zeigen ihre Banden in den zu erwartenden Größen von 62 kDa (SORBS2-1) und 72 kDa (SORBS2-2); die oberen Banden zeigen das phosphorylierte Protein; sowohl die Mock-Transduktionen wie auch die Negativ-Kontrollen mit dem Leervektor (pCDH) zeigen keine Signale.
b) Zu sehen sind Proben vom 3. Seneszenz-Test (Sen 3) bei Fibroblasten nach der Transduktion von SORBS2-2, und den Negativ-Kontrollen Leervektor und Mock-Transduktion.

Für die Analysen wurden transduzierte Zellen eingesetzt, die parallel zu den Seneszenz-Tests kultiviert wurden. Da schon ein Teil der Objektträger für die Immunfluoreszenz eingesetzt wurde, standen für die Western Blots nicht mehr alle Zeitpunkte der einzelnen Seneszenz-Tests zur Verfügung. Dennoch ließ sich die Expression der beiden SORBS2-Varianten auf Proteinebene bestätigen (Abbildung 4.17). Die jeweiligen unteren Banden auf den Filmen entsprechen den erwarteten Größen von 64 kDa (SORBS2-1) bzw. 72 kDa (SORBS2-2). Dieses besitzt mehrere Phosphorylierngsstellen. Die meist stärkeren oberen Banden zeigen die phosphorylierten Varianten des Proteins SORBS2.

In Abbildung 4.17 a) ist die Expression von SORBS2 in Keratinozyten dargestellt. Es erscheint pro Variante zwei Banden. Die jeweils untere Bande entspricht der erwarteten Größe der Proteine. Da SORBS2 mehrere Phosphorylierungsstellen besitzt, ist davon auszugehen, dass die obere Bande das phosphorylierte Protein wiederspiegelt. Im Vergleich zu den Negativ-Kontrollen (Mock-Transduktion und Leervektor pCDH) sind die Banden nach Transduktion von SORBS2 deutlich ausgeprägt. In den Proben 5 und 7 wurden die Zellen vor der Lyse fixiert. Hier sind die Banden deutlich schwächer ausgefallen. Dies ist allerdings auf die

Probenpräparation zurückzuführen, da die gleichen unfixierten Proben (4 und 6) deutliche Signale aufzeigen. In Abbildung 4.17 b) ist die Expression von SORBS2-2 in Fibroblasten dargestellt. Auch hier ist ein deutliches Bandenmuster zu erkennen. Als Positiv-Kontrolle dienten HeLa-Zellen und das Bandenmuster entspricht der längeren Variante von SORBS2.

Neben den primären Zellen wurden auch Zelllinien verwendet. Auch hier war die SORBS2-Expression der beiden Varianten deutlich nachweisbar. In Abbildung 4.18 ist der Western Blot für die Zelllinien HPKII spät und HPKIA früh dargestellt. Die Banden sind auf der zu erwartenden Höhe zu erkennen. Als Negativ-Kontrolle diente der Leervektor und hier sind nur sehr schwache (Reihe 3) bzw. keine Signale (Reihe 6) für SORBS2 zu erkennen.

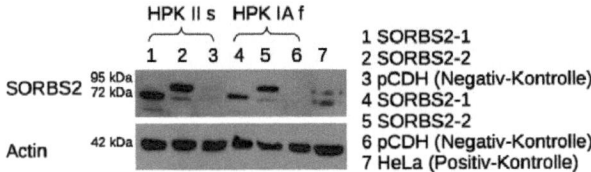

Abbildung 4.18: Western Blots von den beiden Zelllinien HPKII spät und HPKIA früh nach der Transduktion mit SORBS2-1 (64 kDa) und -2 (72 kDa); die oberen Banden zeigen jeweils die phosphorylierte Form von SORBS2; Actin diente als Auftragskontrolle und HeLa als Positiv-Kontrolle; s = späte Passage; f = frühe Passage.

Sowohl in den primären Zellen (Fibroblasten und Keratinozyten) als auch in den verwendeten Zelllinien konnte die Expression auf RNA- und Protein-Ebene für die beiden SORBS2-Varianten nachgewiesen werden.

4.6 Funktionelle Analysen

Mittels funktioneller Analysen können die durch Microarrays identifizierten und durch real-time PCR validierten Kandidatengene näher charakterisiert werden. Nach dem Einbringen der ausgewählten Gene in die Zielzellen können diese mit Hilfe der unterschiedlichen Test untersucht und beobachtet werden, um eine qualifizierte Aussage über die Eigenschaften der ausgewählten Gene zu treffen.

4.6.1 Proliferations-Assay

Die Messung der Proliferation der einzelnen Zelllinien und primären Fibroblasten erfolgte mit dem MTT-Assay. Die Konfluenz der Zellen wurde vor dem Assay mit einem Mikroskop beurteilt.

Die Tabelle 4.10 gibt eine Übersicht über die im MTT-Assay getesteten Zelllinien nach Transduktion mit den entsprechenden cDNAs.

Tabelle 4.10: Verwendete Zelllinien und Fibroblasten mit den darin exprimierten Genen für den Proliferations-Test

Zelllinie	getestetes Gen
HPKIA früh	pCDH, p33ING1, DIP2C, SORBS2-1, SORBS2-2
HPKIA spät	pCDH, p33ING1, TNFSF14
HPKII früh	pCDH, p33ING1, DIP2C, FBXO18, IL15RA, WDR37
HPKII spät	pCDH, p33ING1, ABI3, CYP4V2, FBXO18, IL15RA, SORBS2-1, SORBS2-2, TLR3
SiHa	pCDH, TLR3, TNFSF14
CaSki	pCDH, p33ING1, ABI3, CYP4V2, WDR37
Fibroblasten	pCDH, p33ING1, p33ING2, CYP4V2, DIP2C, FBXO18, IL15RA, SORBS2-1, SORBS2-2, TLR3, TNFSF14, WDR37

Als Leerwert wurde die MTT-Lösung ohne Zellen unter denselben Bedingungen inkubiert und deren Extinktion von den gemessenen Werten abgezogen. Alle Versuche wurden im Triplikat durchgeführt. Für die Auswertung wurden die Extinktions-Werte des Leervektors als Bezugsgröße genommen und 100 % gesetzt. Die Daten der trandsduzierten Zelllinien wurden darauf bezogen. Des Weiteren wurde die Proliferation innerhalb einer Messreihe eines Gens betrachtet und im Verhältnis zum ersten Messtag beurteilt. Die Standardabweichung dient hier nur als Orientierung für die Streuung der einzelnen Triplikate. Die Farbintensität der umgesetzten MTT-Lösung ist direkt proportional zur Zellzahl [124].

Um die Schwankungen der Zellzahlen in den einzelnen Wells durch das Aussäen und anschließende Transduzieren zu vermeiden, wurden stabile Linien mit den entsprechenden Genen etabliert. Die stabilen Kulturen wurden in 12-Well-Platten ausgesät und der Proliferations-Assay an vier aufeinanderfolgenden Tagen nach Aussaat durchgeführt. Die Inkubationszeit betrug jeweils 2h.

In den Abbildungen 4.19, 4.20 und 4.22 sind jeweils die Gene dargestellt, die in der entsprechenden Zelllinie einen negativen Effekt zeigten. Die anderen getesteten Gene (Tabelle 4.10) zeigten keine Veränderung in der Proliferation im Vergleich zum Leervektor oder in Bezug auf den ersten Messtag des jeweiligen Gens. In Abbildung 4.19 a) sind die relativen Zellzahlen gegenüber dem Leervektor (pCDH) dargestellt. Die, mit den gezeigten Genen transduzierten Zellen, wiesen ein deutlich langsameres Wachstum im Vergleich zu den Kontrollen auf. In Grafik 4.19 b) wurden die Veränderungen der Proliferation zum ersten Messtag des jeweiligen Gens aufgezeigt. Nach der Transduktion von DIP2C ist ein langsameres Wachstum der HPKIA (früh) Zellen im Vergleich zum ersten Messtag zu erkennen. Aus Abbildung 4.19 a) geht hervor, dass sich die Standardabweichungen des ersten und dritten Messtages nicht überschneiden. P33ING1 (Positiv-Kontrolle) und die beiden SORBS2-Varianten zeigten nur in den ersten Messtagen ein langsameres Wachstum. Am vierten Messtag ist im Vergleich zum ersten Datenpunkt ein Anstieg in der Proliferation zu erkennen. Die Zellzahl liegt aber noch deutlich unter der des Leervektors.

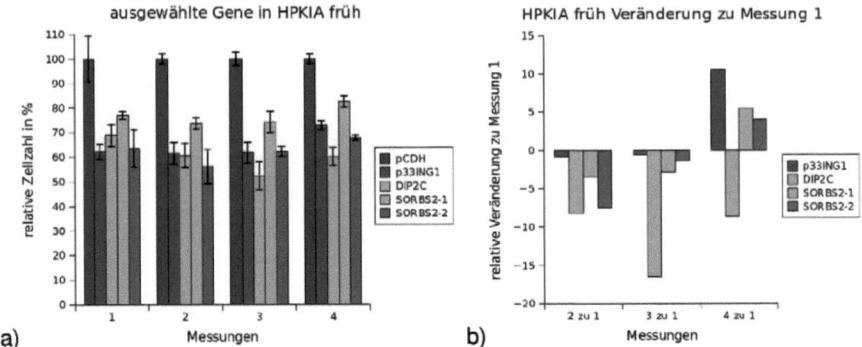

Abbildung 4.19: MTT-Assay Auswertung für die Zelllinie HPKIA früh mit den transduzierten Genen p33ING1, DIP2C, SORBS2-1 und SORBS2-2
a) Dargestellt sind die relativen Zellzahlen in % zu den einzelnen Messtagen; der Leervektor pCDH wurde als Bezugsgröße genommen und gleich 100 % gesetzt.
b) Es werden die Veränderungen der Zelldichte zu der ersten Messung gezeigt; der Leervektor wurde als Standard (= 100 %) gewertet und die Werte der einzelnen Messungen darauf bezogen.

In der Zelllinie HPKII spät zeigte nur TLR3 einen negativen Effekt auf das Wachstumsverhalten der Zellen. Die Zellen mit einer ektopischen TLR3-Expression zeigten ein 40-50 % langsameres Wachstum als die Zellen mit Leervektor (pCDH) (Abbildung 4.20 a). Im Vergleich zur ersten Messung konnte nicht nur optisch eine Verlangsamung der Proliferation beobachtet werden. Der MTT-Assay ergab ebenfalls eine deutlich niedrigere Wachstumsrate im Verhältnis zur ersten Messung (Abbildung 4.20 b). Die eingezeichneten Standardabweichungen in Abbildung 4.20 a) zeigen zwar eine Überlappung, aber während der Kultivierung der Zellen mit ektopischer Genexpression zeigten diese gegenüber den Kontrollen ein verändertes Verhalten. Schon kurz nach der Transduktion mit TLR3 benötigten diese Zellen mehr Zeit für ein population doubling. Teilweise zeigte sich auch eine erhöhte Menge an apoptotischen Zellen. Dies konnte mit einem DAPI-Test überprüft werden (Abbildung 4.21). Hier zeigte sich allerdings gegenüber dem Leervektor nur eine leicht erhöhte Anzahl an fragmentierten Kernen und dies auch nur in den ersten beiden Tagen nach der Transduktion. Im weiteren Verlauf der Kultivierung zeigten die Zellen mit TLR3 insgesamt ein schlechteres Wachstum als vergleichbare Zellen mit anderen transduzierten Genen. Die Selektion der Zellen konnte deutlich später begonnen werden bzw. es mussten neue Transduktionen angesetzt werden. Neben den Ergebnissen des MTT-Assays deutet das weitere beobachtete Verhalten nach einer TLR3-Expression auf einen deutlichen Effekt dieses Gens in immortalen Zellen hin.

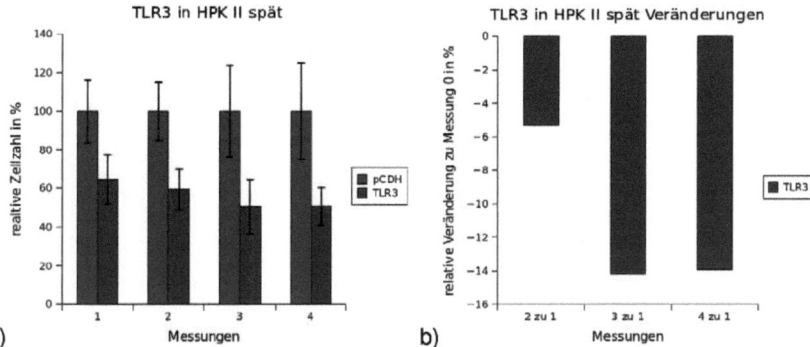

a) b)

Abbildung 4.20: MTT-Assay Auswertung für die Zelllinie HPKII spät mit dem transduzierten Gen TLR3
a) Verhältnis der Proliferation von TLR3 zum Leervektor (pCDH), wobei der Leervektor (= 100 %) als Negativ-Kontrolle diente.
b) Relative Veränderung in der Proliferation der HPKII spät Zellen nach der Expression von TLR3 im Vergleich zum ersten Messtag.

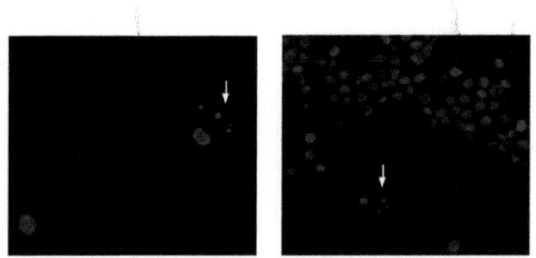

Abbildung 4.21: DAPI-Test an HPKII Zellen nach der Transduktion mit dem Leervektor pCDH (links) bzw. mit TLR3 (rechts); die Pfeile markieren apoptotische Vesikel

Neben den genannten beiden Zelllinien zeigte auch die Expression bestimmter Gene in HPKII frühen Zellen einen negativen Effekt auf die Proliferation (Abbildung 4.22). Die Expression von DIP2C zeigte, wie auch in HPKIA früh Zellen, ein deutlich verlangsamtes Wachstums- und Teilungsverhalten gegenüber dem Leervektor pCDH (Abbildung 4.22 a). Die Gene IL15RA und WDR37 zeigten zwar insgesamt eine höhere Zellzahl gegenüber der Negativ-Kontrolle, allerdings ist im Verlauf der Messungen eine Abnahme der Proliferation zu erkennen. Bei beiden genannten Genen liegt die niedrigere Proliferationsrate außerhalb der Standardabweichungen (Abbildung 4.22 a). Die Abnahme der Proliferation in Bezug zur ersten Messung ist in Abbildung 4.22 b) dargestellt.

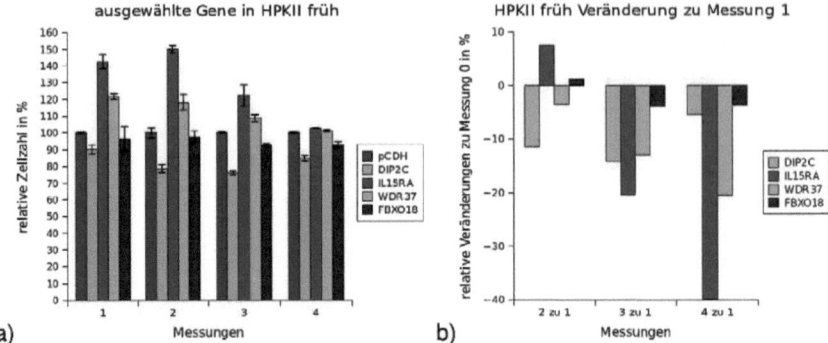

Abbildung 4.22: MTT-Assay Auswertung für die Zelllinie HPKII früh mit ausgewählten Genen
a) Balkendiagramm des Proliferationsassays für die Gene DIP2C, IL15RA, WDR37 und FBXO18; pCDH (= Leervektor) als Negativ-Kontrolle = dunkel-blauer Balken. FBXO18 zeigt kaum Veränderungen zum Leervektor.
b) Relative Veränderung der Proliferation zur ersten Messung nach Expression der einzelnen Gene.

IL15RA zeigt mit -40 % gegenüber dem ersten Messpunkt die größte Abnahme in der Proliferation. Die Expression von FBXO18 in HPKII frühen Zellen zeigte kaum einen Effekt auf die Proliferation. FBXO18 ist hier als ein Beispiel angegeben gegenüber den Genen, die einen negativen Effekt auf das Zellwachstum hatten.

Da bei dieser niedrigen Anzahl von Messpunkten keine aussagekräftige Statistik durchgeführt werden konnte, lässt sich nur wenig über die Signifikanz der Ergebnisse sagen. Die dargestellten Gene zeigen allerdings eine Tendenz auf, die in weiteren umfangreicheren Tests bestätigt werden sollten. Diese Gene zeigen Anhaltspunkte für mögliche Tumorsuppressoreigenschaften.

4.6.2 Seneszenz-Test in Zelllinien und primären Zellen

Die seneszenzassoziierte β-Galactosidase ist ein weit verbreiteter Marker für die replikative Seneszenz. Durch die Fixierung der Zellen mit einer 3 %-igen Formaldehyd-Lösung und der anschließenden Zugabe von X-Gal und verschiedenen Salzen, wird X-Gal in seneszenten Zellen durch die lysosomale β-Galactosidase, die bei pH 6,0 aktiv ist, in ein blaues Präzipitat umgesetzt. In den einzelnen Versuchsansätzen wurden jeweils die gesamten Schalen semi-quantitativ bewertet und mit dem Leervektor bzw. der Mocktransduktion verglichen. Die Menge der seneszenten Zellen wurde dabei im Verhältnis zur Gesamtzahl der Zellen in der jeweiligen Schale betrachtet. Abhängig vom Versuchskonzept konnten seneszente Zellen in 12-Well-Platten ausgezählt werden. Für die Auswertung wurden die Zellen von zwei unabhängigen Personen begutachtet.

4.6.2.1 Zelllinien

Zunächst wurden verschiedene Zelllinien (SiHa, CaSki, C33A, HPKII, SW756) mit den genannten Genen (Abschnitt 4.3.2) transduziert und anschließend mit Puromycin selektioniert entsprechend Tabelle 4.9. Vier Wochen nach Transduktion wurde der Seneszenz-Test durchgeführt. Als Negativ-Kontrolle diente der Leervektor pCDH, während für die Positiv-Kontrolle die Gene p33ING1 und p33ING2 verwendet wurden.

In den verwendeten Zelllinien zeigten sich keine seneszenten Zellen. Lediglich in SiHa-Zellen konnten blaue Zellen identifiziert werden, allerdings konnte kein Unterschied zwischen dem Leervektor und den exprimierten Genen gesehen werden und in HPKII spät wurde eine blaue Zellen gesehen. In Abbildung 4.23 sind exemplarisch die Zellen von HPKII spät (a) und SiHa (b-d) dargestellt. Foto d) zeigt die vergrößerten seneszenten Zellen aus Foto c). Die markierten Zellen sind größer und flacher als die umliegenden nicht-seneszenten Zellen.

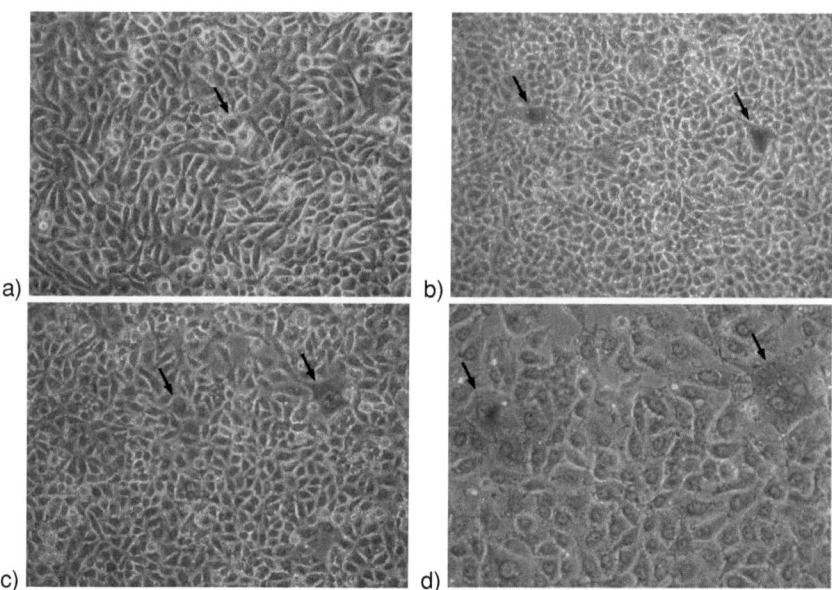

Abbildung 4.23: Seneszenz-Test (β-Galactosidase-Assay) in den beiden Zelllinien HPKII spät und SiHa; die schwarzen Pfeile markieren seneszente (= blaue) Zellen (Vergrößerung a-c x200, d x300)
a) ektopische Expression von p33ING1 in HPKII spät; Positiv-Kontrolle
b) SiHa-Zellen nach der Transduktion von SORBS2-1
c) SiHa-Zellen nach der Transduktion von SORBS2-2
d) Vergrößerung der seneszenten Zellen aus Abbildung c)

4.6.2.2 primäre Zellen (Fibroblasten und Keratinozyten)

Primäre Zellen sind meist schwieriger und aufwändiger zu kultivieren als Zelllinien. Neben besonderen Medien und einer erhöhten Empfindlichkeit gegenüber bestimmten Zusätzen (z.B. Polybrene) sind sie häufig auch schlechter zu transfizieren. Primäre Zellen haben sowohl in ihrem Ursprungsorgansimus als auch in der Zellkultur ein begrenztes Wachstum, während immortale Zelllinien von sich aus nicht seneszent werden. Die Wachstumseigenschaften primärer Zellen richten sich nach dem jeweiligen Zelltyp.

Primäre Fibroblasten

Für die Seneszenz-Untersuchungen in primären Zellen wurden zunächst Fibroblasten verwendet, da diese leichter zu kultivieren waren und bis zur natürlichen replikativen Seneszenz in Kultur ca. 50 population doublings durchlaufen. Der Eintritt der replikativen Seneszenz ist zudem abhängig vom Alter der Spender. Für die Isolierung der primären Zellen (Fibroblasten und Keratinozyten) wurden nur Gewebeproben von jungen Spendern verwendet. Ziel in diesen Versuchsansätzen war es, ein früheres Eintreten der Seneszenz nach der ektopischen Expression der Gene induzieren zu können.

Langzeitbeobachtung von Fibroblasten Der erste Seneszenz-Test an den Fibrobla-sten wurde zwei Wochen nach Transduktion durchgeführt, nachdem sie selektioniert wurden. Insgesamt wurden die Zellen in einem Zeitraum von 5-6 Wochen beobachtet. Die Ergebnisse für die Expression ausgewählter Gene auf RNA-Ebene sind in Abschnitt 4.5.1 dargestellt und bestätigen die Expression der transduzierten Gene. Als Negativ-Kontrolle diente der Leervektor pCDH und im Vergleich zu dessen Anzahl an seneszenten Zellen wurden die anderen exprimierten Gene in den Fibroblasten semi-quantitativ beurteilt. Das als seneszenzinduzierend beschriebene Tumorsuppressorprotein p33ING1 wurde als Positiv-Kontrolle herangezogen [70]. Nach dem ersten Test zeigten beide Varianten von SORBS2 eine ca. vierfach höhere Anzahl seneszenter Zellen gegenüber dem Leervektor. In Abbildung 4.24 sind seneszente Zellen nach der Expression des Leervektors (a) und der beiden SORBS2-Varianten (b, c) dargestellt. Die größere Anzahl blauer Zellen ist in diesen beiden Bildern gegenüber Bild a) deutlich zu erkennen.

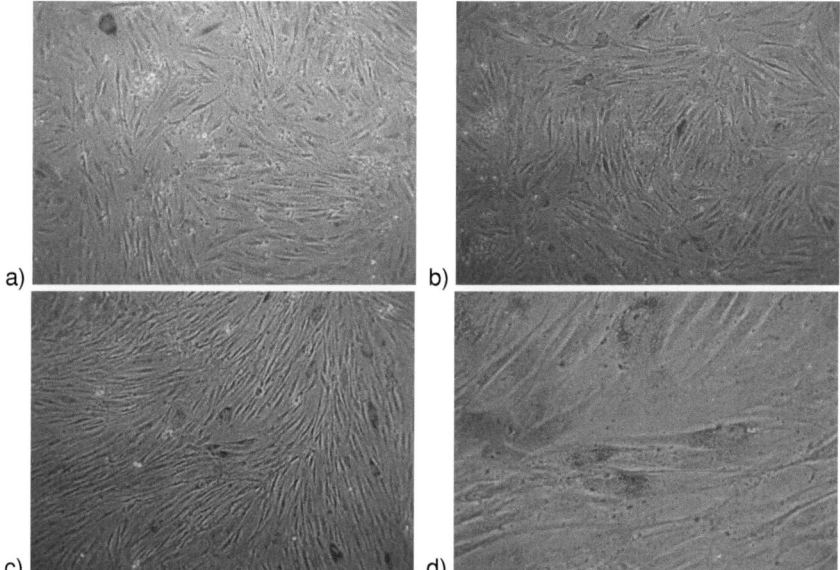

Abbildung 4.24: Seneszenz-Test 14 Tage nach Transduktion der beiden SORBS2-Varianten in primären Fibroblasten; seneszente Zellen erzeugen einen blauen Farbstoff nach Zugabe der X-Gal-Lösung bei pH 6,0 (Vergrößerung a-c x200, d x300)
a) Assay nach Transduktion des Leervektors pCDH; Negativ-Kontrolle
b) erhöhte Anzahl seneszenter Zellen nach ektopischer Expression der kürzeren SORBS2-1 Variante
c) X-Gal-Assay nach Transduktion von SORBS2-2; vermehrt blaue Zellen gegenüber der Negativ-Kontrolle und der kürzeren SORBS2 Variante
d) Vergrößerung seneszenter Zellen nach Expression von SORBS2-2; deutlich zu erkennen ist die blaue, perinukleäre Färbung der Zellen

Photo d) zeigt noch einmal einen vergrößerten Ausschnitt aus Bild c). Hier sind die typischen Merkmale einer seneszenten Zelle zu erkennen: abgeflachte Form, vergrößerter Zellkörper, perinukleäre Blaufärbung nach X-Gal-Behandlung bei pH 6. Des Weiteren sind Zelltrümmer (Debris) als helle, gelbliche Ablagerungen zu erkennen. Dies ist ein weiteres Merkmal einer seneszenten Kultur [79]. Die Expression von DIP2C wies eine mehr als zweifach höhere Zahl an blauen Zellen gegenüber dem Leervektor auf. Ein deutlicher Unterschied zum Leervektor konnte noch mit den Genen CYP4V2, FBXO18, TLR3 und p33ING1 nachgewiesen werden. Da die Schalen für den Test in Passage 4 schon zu dicht waren, wurden die Zellen gesplittet und es konnten jeweils zwei Schalen für den nächsten Seneszenztest genutzt werden. Es konnte beobachtet werden, dass die Anzahl seneszenter Zellen gegenüber dem ersten Test abgenommen hatte. Auch hier zeigte die Expression von SORBS2-2 eine große Anzahl seneszenter Zellen gegenüber dem Leervektor. Die anderen getesteten Gene hatten einen geringeren Einfluß auf die Zellen. Hier zeigte sich nur ein deutlicher Unterschied im Vergleich zum Leervektor. Die Expression der Gene DIP2C und FBXO18 wiesen keinen Unterschied mehr zum Leervektor auf.

Erste seneszente Zellen sieben Tage nach Transduktion Um eine genauere Eingrenzung für den Beginn des Seneszenzereignisses in den Kulturen zu bekommen, wurde für den nächsten Versuchs-ansatz ein engerer Zeitraum nach der Transduktion gewählt. Hierfür wurde der erste Seneszenz-Test bereits drei Tage nach der letzten Transduktion durchgeführt und anschließend alle zwei Tage (insgesamt vier Testtage). Da dies eine Kurzzeitbeobachtung war und durch die vorherigen Versuche die Transduktionseffizienz bestätigt wurde, konnte auf eine Selektion der Zellen verzichtet werden. Das Einbringen der verschiedenen Gene in die Fibroblasten konnte auf drei Transduktionsansätze verteilt werden. Der Leervektor wurde als Negativ-Kontrolle zweimal mitgeführt. Zusätzlich wurde eine Mocktransduktion als weitere Kontrolle durchgeführt. Hierbei wurde dem Medium lediglich Polybrene hinzu gefügt. Als Positiv-Kontrollen dienten p33ING1 und p33ING2. Die Ansätze für den Seneszenz-Test wurden jeweils im Triplikat durchgeführt. In den ersten beiden Testtagen (3. und 5. Tag nach Transduktion) konnte bei keinem Ansatz Seneszenz festgestellt werden. Ab Tag sieben waren die ersten blauen Zellen nach der X-Gal-Behandlung zu beobachten. An Tag neun war eine deutliche Steigerung in der Anzahl seneszenter Zellen zu beobachten. Den stärksten Einfluss hatte die Expression von p33ING2. Die Expression der Gene IL15RA, WDR37, FBXO18 und TLR3 führten zu einer deutlichen Induktion seneszenter Zellen. Bei den mocktransfizierten Fibroblasten zeigten sich keine blau-gefärbten Zellen, während bei dem Leervektor in den Triplikaten zusammen nur wenige (maximal 30) seneszente Zellen gesehen wurden. Die beiden SORBS2-Varianten sowie ABI3 und p33ING1 zeigten auch noch einen deutlichen Effekt auf die Induktion der Seneszenz gegenüber dem Leervektor. Bei diesen Genen zeigte sich eine sehr starke Steigerung vom 7. zum 9. Messtag. Es wurden jeweils die gesamten Schalen semi-quantitativ bewertet und mit dem Leervektor bzw. der Mocktransduktion verglichen. Die Menge der seneszenten Zellen wurde dabei im Verhältnis zur Gesamtzahl der Zellen in der jeweiligen Schale betrachtet.

Seneszenzbeobachtungen 7-14 Tage nach Transduktion Um den Eintritt des Seneszenzereignisses und die darauf folgenden Tage genauer zu beurteilen, wurde bei dem folgenden Versuchsansatz ein Beobachtungszeitraum von einer Woche gewählt, ab sieben Tage nach Transduktion. Auch hierbei wurde auf eine Selektion verzichtet. Seneszente Zellen, die von der Kulturschale abgelöst wurden, wachsen nicht wieder an und gehen somit den weiteren Untersuchungen und Beurteilungen verloren. Um eine Passagierung der Zellen so gering wie möglich zu halten, wurde der Zeitraum wie oben erwähnt gewählt und es erfolgte nach dem ersten Seneszenz-Test (Tag sieben nach Transduktion) die Umsetzung der Zellen der restlichen Wells einer 12-Well-Platte jeweils in ein Well einer 6-Well-Platte. Insgesamt wurden zwei große Ansätze durchgeführt, um alle Gene zu testen. In beiden Ansätzen war der Leervektor als Negativ-Kontrolle vertreten. Eine Mocktransduktion wurde als weitere Negativ-Kontrolle mitgeführt. Die beiden Tumorsuppressorgene p33ING1 und p33ING2 dienten wieder als Positiv-Kontrolle. Die X-Gal-Färbungen waren für 7, 10, 12 und 14 Tage nach Transduktion jeweils mindestens im Duplikat angesetzt. In diesem Versuchsansatz zeigte nach sieben Tagen die Expression von TLR3 den stärksten Einfluss auf die Fibroblasten und es wurden die meisten seneszenten Zellen gezählt (Tabelle 4.11). In den 12-Well-Platten war eine Auszählung noch möglich, während in den 6-Well-Platten aufgrund der Größe der Wells und der Beobachtung durch das Mikroskop ein Auszählen der Zellen nicht mehr möglich war. Für die 6-Well-Platten wurde eine Beurteilung der gesamten Wells jeweils im Triplikat vorgenommen. P33ING1 und p33ING2 zeigten hier jeweils einen ähnlich starken Effekt wie die Expression von TLR3. Die Mocktransduktion sowie der Leervektor in beiden Ansätzen zeigten nur sehr wenige seneszente Fibroblasten. Die Gene CYP4V2, TNFSF14 und FBXO18 zeigten sieben Tage nach Transduktion keinen oder kaum einen Unterschied zu den Negativ-Kontrollen. Alle weiteren Gene unterschieden sich deutlich in der Menge seneszenter Zellen gegenüber dem Leervektor.

Tabelle 4.11: Anzahl seneszenter Zellen 7 Tage nach Transduktion in Fibroblasten; ausgewertet wurden pro Gen jeweils 3 Wells einer 12-Well-Platte; pCDH = Leervektor = 100 %; p33ING1 und p33ING1 = Positiv-Kontrollen

Gen	Anzahl sen. Zellen	relative Zellzahl in %	
Mock	40	108 %	Negativ-Kontrollen
pCDH	37	100 %	
p33ING1	147	397 %	Positiv-Kontrollen
p33ING2	158	427 %	
DIP2C	59	159 %	Kandidatengene
CYP4V2	34	92 %	
TNFSF14	28	76 %	
SORBS2-1	51	138 %	
SORBS2-2	92	249 %	
WDR37	106	286 %	
FBXO18	55	149 %	
ABI3	124	335 %	
IL15RA	111	300 %	
TLR3	160	432 %	

Für die weiteren Testtage ließ sich eine Steigerung in der Menge der seneszenten Zellen feststellen. Ein deutlicher Unterschied ließ sich zum Leervektor und der Mocktransduktion erkennen. Hier waren deutlich weniger blau gefärbte Zellen zu sehen als bei den ektopisch exprimierten Genen. Die größte Anzahl seneszenter Zellen wurde bei SORBS2-2, DIP2C, TNFSF14, CYP4V2, p33ING1 und TLR3 gesehen, die sich um mehr als das Doppelte von den Negativ-Kontrollen unterschied. Bei den anderen getesteten Genen zeigte sich noch ein deutlicher Unterschied zum Leervektor.

Wiederholung von Seneszenztests ausgewählter Gene Um den Einfluss einiger Gene noch einmal genauer zu beurteilen, wurden diese nochmals in Fibroblasten transduziert und über vier Messpunkte (7, 9, 11 und 13 Tage nach Transduktion) analysiert. Diese Gene waren SORBS2-2, FBXO18, DIP2C, CYP4V2 und TLR3. Die Zellen mit Leervektor und nach der Mocktransduktion hatten nur wenige, vereinzelte seneszente Zellen. Die Expression der Gene p33ING1, p33ING2, CYP4V2 und DIP2C wiesen deutlich mehr blaue Fibroblasten auf als die Negativ-Kontrollen. Den größten Einfluss auf die Zellen hatten die beiden Gene SORBS2-2 und TLR3. Hier waren mehr als vier-mal so viele seneszente Zellen zu sehen im Vergleich zum Leervektor und der Mocktransduktion. Nach der Expression von FBXO18 konnte mehr als die doppelte Anzahl seneszenter Zellen gegenüber dem Leervektor identifiziert werden. Diese Ergebnisse bestätigten die vorherigen Tendenzen.

Zu allen Versuchsansätzen wurden parallel unbehandelte primäre Fibroblasten desselben Spenders kultiviert, um den Einfluss der Kultivierung (population doubling) auf die Induktion der Seneszenz mit zu berücksichtigen. Es wurden während der Kultivierung zu verschiedenen Zeitpunkten X-Gal-Färbungen durchgeführt, die alle negativ waren. Während der oben genannten Versuche sind die verwendeten Fibroblasten nicht in die replikative Seneszenz eingetreten.

Primäre Keratinozyten

Bei einer HPV Infektion werden Keratinozyten des Epithels infiziert. Daher wurden neben den primären Fibroblasten auch primäre Keratinozyten getestet. Dieser Zelltyp ist schwieriger zu kultivieren und wurde erst nach den Erfahrungen mit Fibroblasten untersucht, da diese ebenfalls primäre Zellen sind. Für die Keratinozyten war es notwendig, das Protokoll für die Transduktion anzupassen, da dieser Zelltyp deutlich empfindlicher auf diese Bedingungen reagierte.

Die Keratinozyten für diesen Versuch und die Fibroblasten aus dem letzten Versuch (siehe oben) stamm-ten vom selben Spender. Der erste Seneszenztest wurde sieben Tage nach Transduktion durchgeführt und anschließend noch dreimal alle zwei Tage wiederholt. Um alle Gene zu testen, wurden zwei Versuchsansätze in 12-Well-Platten durchgeführt. Im ersten Ansatz wurde am Tag des zweiten Seneszenz-Tests die Zellen des jeweiligen Gens der restlichen Wells abgelöst, vereinigt, abzentrifugiert und in sechs Wells von 6-Well-Platten wieder ausgesät. Da die Zellen im zweiten Transduktionsansatz schon nach sieben Tagen (= erster Seneszenz-Test) relativ dicht waren, wurden sie schon zu diesem Zeitpunkt in 6-Well-Platten umgesetzt. Aufgrund der Tatsache, dass alle transduzierten Zellen eines Gens zum gleichen Zeitpunkt infiziert und gleich behandelt wurden, hat die Vereinigung mehrerer Wells den Versuch nicht beeinträchtigt.

Die Ergebnisse, die aus den Versuchen mit Fibroblasten erzielt werden konnten, wurden in den Untersuchungen mit den Keratinozyten bestätigt. Die Transduktion mit SORBS2-2 zeigte die größte Anzahl an seneszenten Zellen. Sie war um mehr als das vierfache höher im Vergleich zum Leervektor pCDH. Das Einbringen des Leervektors in die Zellen zeigte nur wenige, vereinzelte seneszente Zellen. Nach der Mocktransduktion waren es weniger als beim Leervektor. Die beiden Positiv-Kontrollen p33ING1 und p33ING2 waren weniger stark ausgeprägt als bei den Fibroblasten, dennoch zeigten sie einen deutlichen Unterschied zu den beiden Negativ-Kontrollen. Die Expression von TLR3 und TNFSF14 induzierten jeweils den größten Anstieg an Seneszenz nach SORBS2-2, der mehr als doppelt so viele blaue Zellen aufwies als die Negativ-Kontrollen. ABI3 und CYP4V2 zeigten kaum oder nur vereinzelt blaue Zellen zu den vier Messtagen. Die anderen Gene (DIP2C, FBXO18, IL15RA, WDR37 und SORBS2-1) wiesen wie die beiden Positiv-Kontrollen einen deutlichen Unterschied zum Leervektor auf. Die Ergebnisse für die Keratinozyten sind in Tabelle 4.12 zusammengefasst. In Abbildung 4.25 sind exemplarisch Keratinozyten nach der Transduktion von TLR3 und den beiden SORBS2-Varianten gezeigt. Die Pfeile zeigen ausgewählte seneszente, X-Gal-positive Zellen. Es ist die charakteristische Vergrößerung und Abflachung der Zellen zu erkennen. Sie sind von den umliegenden, kleineren Zellen zu unterscheiden. Da Keratinozyten gegenüber Fibroblasten relativ klein sind, erscheint die ganze Zelle blau gefärbt. Andere vergrößerte, nicht blau gefärbte Zellen sind differenzierte Keratinozyten. Die jeweilige Anzahl der seneszenten Zellen widerspiegelt das Verhältnis des entsprechenden Gens und seine Auswirkungen auf die Keratinozyten im Verhältnis zum Leervektor. Der Einfluß des transduzierten Leervektors auf die Zellen ist in Abbildung 4.25 d) dargestellt.

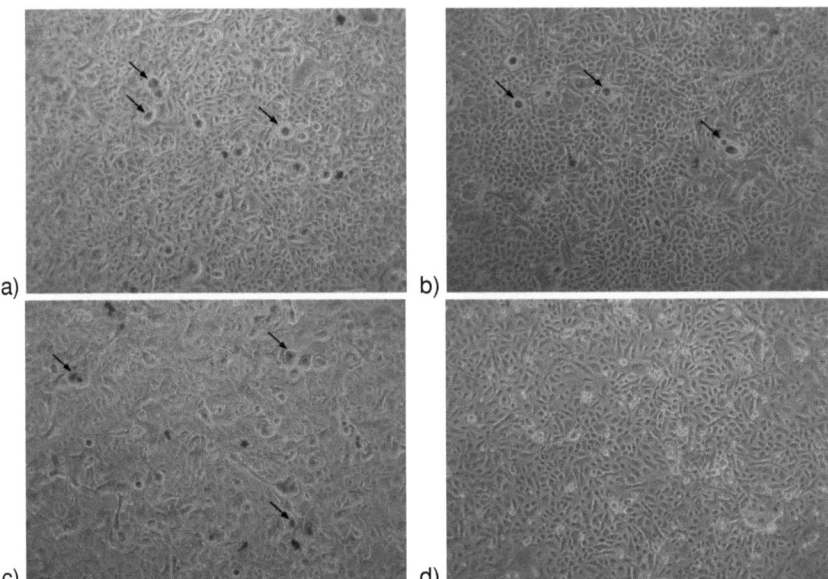

Abbildung 4.25: Seneszenz-Test in Keratinozyten nach Transduktion einzelner Gene und zu verschiedenen Zeitpunkten (Vergrößerung x200) (Pfeile markieren exemplarisch seneszente Zellen); die bräunlich-gelben Punkte sind Zelltrümmer und Kristalle der X-Gal-Lösung
a) Expression von TRL3 zeigte im ersten Seneszenztest 1 Woche nach Transduktion die ersten seneszenten (blauen) Zellen.
b) eine Woche nach Transdutkion von SORBS2-1 zeigten sich auch hier die ersten blauen Zellen.
c) 13 Tage nach Transduktion von SORBS2-2 erhöhte Anzahl seneszenter Zellen.
d) Kaum/keine seneszenten Zellen nach Transduktion mit dem Leervektor 9 Tage nach Transduktion.

Wie bei den Fibroblasten wurden auch parallel zu diesen Versuchen Schalen mit unbehandelten Keratinozyten desselben Ursprungs kultiviert. Die Kultivierung erfolgte in einer 75 cm²-Flasche und bei jedem Splitt wurden ausreichend Zellen in eine 6cm-Schale überführt. Zellen, die vor dem Umsetzen in eine 6 cm-Schale schon seneszent waren, wachsen mit großer Wahrscheinlichkeit nicht mehr in den neuen Kulturschalen an. Allerdings würden weitere Zellen seneszent werden, falls die Kultur die entsprechenden Zellteilungen durchlaufen hat, da diese Zellen die gesamte Kultur dieses Spenders widerspiegeln. Bei annähernder Konfluenz wurden die Zellen dem β-Gal-Test unterzogen und anschließend die Menge an blau-gefärbten Zellen beurteilt. Bis zum Ende der gesamten Versuchsansätze (Transduktionen mit anschließenden Tests) war die Anzahl an seneszenten Zellen in dieser Kontrollgruppe durch natürliche Replikation sehr gering. Die Populationsverdopplungen während der Versuche betrug zwischen fünf und acht. Eine größere Anzahl an seneszenten

Zellen in der unbehandelten Gruppe und ein deutlich langsameres Wachsen der Popluation ergab sich erst ab ca. Passage 12.

In Tabelle 4.12 sind die Ergebnisse der Seneszenz-Tests in primären Fibroblasten und Keratinozyten dargestellt. Die einzelnen Versuche der Fibroblasten wurden beurteilt und dann ein abschließendes Fazit daraus gezogen. Für die Analyse der Keratinozyten war nur ein Versuchsansatz zur Beurteilung möglich. Ein vergleichbares Ergebnis in beiden Zelltypen war nach der Expression von SORBS2-2 zu sehen. Sowohl in den Fibroblasten als auch in den Keratinozyten war durchschnittlich mehr als die vierfache Menge blauer Zellen gegenüber dem Leervektor pCDH vorhanden. Dieses Gen zeigte während der gesamten Versuchsreihe ein nahezu konstantes Ergebnis. Die kürzere Variante SORBS2-1 konnte mit mehr als der zwei-fachen Menge an seneszenten Zellen im Vergleich zum Leervektor einen großen Einfluss auf die Zellen aufweisen. Dieses Ergebnis zeigte auch die ektopische Expression von TLR3. Wie auch bei der kürzeren Variante von SORBS2 war bei TLR3 die Induktion der Seneszenz deutlich ausgeprägt. Ein weiterer Kandidat war FBXO18. Mit jeweils mindestens einem messbaren Unterschied wurden hier gegenüber den anderen Genen konstante Ergebnisse erzielt. Die beiden Gene ABI3 und WDR37 hatten insgesamt keinen Einfluß auf die Induktion der Seneszenz. Die Positiv-Kontrolle p33ING1 zeigte in allen Analysen ein konstantes Ergebnis mit einem messbaren Unterschied zum Leervektor. Im Vergleich dazu waren die Resultate bei p33ING2 weniger konstant. Im Durchschnitt zeigte sich aber auch bei p33ING2 ein messbarer Unterschied seneszenter Zellen zum Leervektor.

Tabelle 4.12: Beurteilung der Anzahl seneszenter Zellen in den transduzierten primären Fibroblasten und Keratinozyten; die rotmarkierten Kreuze weisen auf den stärksten Einfluß dieser Gene in den Versuchen hin.

Gene	Fibroblasten	Keratinozyten	Gesamt
ABI3	-	-	-
CYP4V2	+ bis ++	-	+
DIP2C	+	+	+
FBXO18	+ bis ++	+	+ bis ++
IL15RA	-	+	-
p33ING1	+	+	+
p33ING2	+	+	+
SORBS2-1	++	+	++
SORBS2-2	+++	+++	+++
TLR3	++	++	++
TNFSF14	+	++	+
WDR37	-	+	-

-    keine Unterschiede zwischen Genexpression und pCDH (Leervektor)
- +   deutlicher Unterschied seneszenter Zellen (< 2-fache Menge) im Vergleich mit dem Leervektor
- ++ $\geq$ 2-fache Menge seneszenter Zellen im Vergleich mit dem Leervektor
- +++ $\geq$ 4-fache Menge seneszenter Zellen im Vergleich mit dem Leervektor

Über die gesamten durchgeführten Versuche betrachtet, zeigte sich, dass die induzierte Seneszenz relativ früh nach der Transduktion und Expression der Gene eingetreten war. Die ersten seneszenten Zellen konnten schon sieben Tage nach Abschluß der Transduktion und ungefähr fünf Tage nach Genexpression identifiziert werden. Die größte Anzahl blauer Zellen nach der X-Gal-Färbung war in der zweiten Woche nach der Transduktion zu erkennen. Weiteres Splitten der Zellen während der Kultivierung führte zum Verlust der bisherigen seneszenten Zellen und verringerte so deren Anzahl in der zu beobachteten Kultur, so dass nach 14 Tagen die Anzahl an seneszenten Zellen nicht mehr so ausgeprägt zu beobachten war.

Kapitel 5

Diskussion

Die Transformation von Zellen und die Umgehung ihrer Kontrollmechanismen wie Apoptose und Seneszenz sind wesentliche Schritte in der Entwicklung eines Karzinoms. Im Laufe der letzten Jahre wurde bewiesen, dass humane high-risk Papillomaviren an der Entstehung von Gebärmutterhalskrebs ursächlich beteiligt sind. Neben der Expression der HPV-Onkogene E6 und E7 sind weitere Veränderungen auf genetischer und epigenetischer Ebene für die Tumorentstehung notwendig. Die schrittweise Entwicklung eines Zervixkarzinoms über die zervikalen intraepithelialen Neoplasien (CIN) ermöglicht es, die Progression zu verfolgen und gegebenenfalls chirurgisch einzugreifen. Allerdings macht es ein Mangel an spezifischen Markern schwierig, potentiell regredierende CIN von agressiveren Neoplasien zu unterscheiden. Dies kann zu unnötigen Übertherapierungen führen.

Die Expression von E6 und E7 führt zu einer Inaktivierung von p53 und pRB und somit zu einer Überexpression von p16. Eine p16-positive Färbung zeigt daher sehr spezifisch Dysplasien an. Ki-67 ist ein weiterer Marker, um proliferierende Gewebe bzw. Zellen zu identifizieren. Eine Kombination von Ki-67 und p16 Antikörpern kann daher ein klares Bild bei der Beurteilung von CIN-Stadien liefern. Diese Marker sind allerdings nicht geeignet, um die Progressionswahrscheinlichkeit einer bestehenden CIN vorherzusagen.

Aufgrund der Expression der Gene E6 und E7 und deren Bindung an p53 und pRB kommt es zu einer erhöhten Instabilität des Wirtsgenoms. In vorherigen Arbeiten konnte ein Verlust von bestimmten chromosomalen Abschnitten in HPV16- und 18-immortalisierten Zellen beobachtet werden [163]. Und mit MMCT-Experimenten konnte die Lokalisation möglicher Seneszenzgene auf die Regionen 4q35-qter und 10p14-15 eingegrenzt werden [10, 142]. Weiterhin ist die Aktivierung der Telomerase (insbesondere der katalytischen Untereinheit der Telomerase - hTERT) ein wichtiger Schritt in der Zervixkarzinogenese. HTERT ist auf Chromosom 3q lokalisiert und der Zugewinn dieses Chromosomenabschnitts hat daher großen Einfluß auf die Progression zum Karzinom. Die Einbeziehung solcher chromosomalen Marker bei der Beurteilung von CIN könnte die Sensitivität bei der Bewertung von Pap-Abstrichen erhöhen und eine mögliche Entwicklung prognostizieren.

In der vorliegenden Arbeit sollten potentielle Tumorsuppressorgene aus den zuvor eingegrenzten Regionen 4q35-qter und 10p14-15 identifiziert, validiert und funktionell auf Tumorsuppressoreigenschaften hin untersucht werden. Im Vordergrund der Arbeiten sollte die Induktion von Seneszenz durch Genkomplementation stehen.

5.1 Effizienter und stabiler Gentransfer durch lentivirale Transduktion

Die Auswertung der Expressionsanalysen ergab eine differentielle Expression zahlreicher Gene im Vergleich CIN3 versus CxCa. Da in vorangegangenen funktionellen Untersuchungen [142, 10] bereits zwei chromosomale Regionen (10p14-15 und 4q35-qter) mit putativer Bedeutung in der Zervixkarzinogenese eingegrenzt wurden, konnten die Kriterien für die Microarray-Auswertung relativ weich angelegt werden. Für das Filtern der Expressionslisten wurde nur der Welsh T-Test angewendet. Eine Veränderung in der Expression wurde schon ab 1,2-fach berücksichtigt. Für die beiden interessanten Regionen auf den Chromosomen 4 und 10 ließen sich insgesamt 15 Gene identifizieren, die in den CxCa schwächer exprimiert waren. Vier weitere potentielle Tumorsuppressorgene auf anderen Chromosomen wurden für die späteren Analysen mit einbezogen. Diese Gene wurden schon mit einem negativen Einfluss auf Tumorzellen in Zusammenhang gebracht. Für die Validierung der Kandidatengene wurde die quantitative real-time PCR verwendet. Hiermit ließ sich noch einmal jedes einzelne Gen auf die Stichhaltigkeit des Expressionsergebnisses validieren. Dies konnte an den für die Microarrays verwendeten Proben als auch an zusätzlichem Material überprüft werden. Für einige der genannten Gene ließen sich keine passenden Primer generieren. Mögliche Primerdimere und die Amplifikation von ähnlichen Sequenzen würden somit das Ergebnis der Analyse verfälschen. Neben den Proben, die auf dem Chip vertreten waren, wurden auch weitere CIN3 und Zervixkarzinome für die real-time PCR verwendet. Die validierten Kandidatengene zeigten darüber hinaus, dass sie ebenfalls in einem größeren Probenpool schwächer exprimiert waren.

Nach der Identifizierung und Bestätigung der Gene sollten diese funktionell charakterisiert werden. Dafür wurden cDNAs der entsprechenden Kandidaten verwendet, die von ImaGenes zur Verfügung gestellt werden. cDNAs, die den gesamten open reading frame des entsprechenden Gens vollständig abdeckten, konnten schließlich in einen geeigneten lentiviralen Vektor (pCDH) kloniert werden. Lentiviren gehören in die Gruppe der Retroviren und besitzen die Fähigkeit auch sich nicht teilende Zellen infizieren zu können. Hierbei spielt das gag Matrixprotein eine entscheidende Rolle. Das gag Protein ist mit pol und env ein Teil der Strukturproteine und besitzt eine nukleäre Erkennungssequenz [21]. Der Transport ist abhängig von den wirtszelleigenen Transportproteinen. Nach der Bindung der Transportproteine an gag kann das Provirus in den Nucleus transportiert und dort in das Zielzellgenom eingebaut werden. Diese Integration macht eine Langzeitbeobachtung ohne kontinuierliche Selektion möglich. Mit Hilfe der viralen Transduktion ist es möglich, Gene auch in schwer transfizierbare Zellen einzubringen, wie z.B. primäre Zellen. Die in dieser Arbeit verwendete dritte Generation eines lentiviralen Verpackungssystems, abgeleitet von HIV, gewährleistet eine hohe Sicherheit. Die für die Herstellung der Viruspartikel notwendigen Gene wurden auf 3 verschiedene Plasmide verteilt [52]. Somit ist eine mögliche produktive Rekombination in der Verpackungszelllinie ausgeschlossen. Die aus den Plasmiden hergestellten Viruspartikel sind replikationsinkompetent. Dieses System erlaubt zudem die Ausbeute eines hohen Titers des HIV-abgeleiteten Vektorstocks. Mit der Verwendung des Glykoproteins des Vesikular Stomatitis Virus (VSV-G) als Hüllprotein ist eine Pseudotypisierung des produzierten Virus möglich. VSV-G-Proteine in der Virushülle befähigt die Viren zur polytropen Infektion, somit auch zur Infektion von humanen Zellen [22]. Das VSV-Glykoprotein bindet an Phospholipid-Komponenten der Wirtszelle und vermittelt den viralen Eintritt in die Zielzelle über Membranfusion [114].

Mit der Anwendung der dritten Generation von Verpackungsplasmiden kann ein hoher Virustiter erreicht werden. Allerdings ist es auch von Interesse, dass sich die Viren effizient an die Zielzellen binden und eindringen können. Bei den Retroviren handelt es sich um behüllte Viren. Sie knospen nach ihrer Synthese aus der Produktionszelle aus und besitzen dadurch deren Plasmamembran. Die Membranen der Zellen sind üblicherweise negativ geladen, es kann dadurch zu Abstoßungen zwischen dem Virus und der Zielzelle kommen und somit zu einer geringeren Transduktionseffizienz. Um die Effizienz des retroviral-vermittelten Gentransfers zu erhöhen, können Polykationen wie Polybrene eingesetzt werden. Versuche mit dem Avian Sarcoma Virus und verschiedenen Polykationen zeigten, dass die Effizienz der Transduktion dadurch erheblich gesteigert werden konnte [169]. Polybrene bindet dabei sowohl an die Zelloberfläche als auch an die Oberfläche des Virus und reduziert dadurch das negative Potential [38]. Zusätzlich bilden die Viruspartikel mit dem kationischen Polymer größere Aggregate [38]. Die Transduktionseffi-zienz kann mittels dieser Aggregate in Kombination mit einem Zentrifugationsschritt erhöht werden.

Nach dem Einbringen der einzelnen Gene in die entsprechenden Zielzellen mittels Transduktion wurde zu Beginn eine Selektion durchgeführt. Die Transduktionseffizienz war in den Untersuchungen stets sehr gut (90-100 %; bewertet anhand der Fluoreszenz von eGFP) und konnte auf RNA-Ebene mittels Northern Blots bestätigt werden. Für die anschließenden funktionellen Analysen der einzelnen Gene diente der Leervektor pCDH als Negativ-Kontrolle. Somit konnten die gleichen Bedingungen hergestellt werden, wie bei einer Transduktion eines Kandidatengens. Um die Abgrenzung zwischen einem positiven und einem negativen Ergebnis zu bestimmen, wurden für die Positiv-Kontrollen die beiden Tumorsuppressorgene p33ING1 und p33ING2 eingesetzt. Diese wurden schon als Wachstumsinhibitoren und Seneszenz-induzierende Gene beschrieben [70, 139, 130].

Um eine gute Transkriptionsrate des Zielgens zu erreichen, ist dem Gen ein CMV-Promotor vorgeschaltet. Die Integration des transduzierten Gens in das Wirtszellgenom erfolgt nicht gerichtet. Daher ist es auch möglich, dass das zu exprimierende Gen vor ein Proto-Onkogen oder ein Tumorsuppressorgen der Zielzelle eingebaut wurde. Der starke Promotor hätte dann eventuell auch einen Einfluss auf die Transkription des wirtszelleigenen Gens und könnte dadurch die zu beobachtenden Zellen beeinflussen. In einem Versuchsansatz wurden daher mehrere Wells einer 12-Well-Platte mit dem gleichen Gen-enthaltenden Virus infiziert. Daraus ergab sich ein Pool der gleichen Zellen mit einem transduzierten Gen. Es ist daher anzunehmen, dass in diesen Zellen das Zielgen an jeweils unterschiedlichen Orten in das Wirtszellgenom integriert wurde. Es war auf Grund dessen zu erwarten, dass nicht jede Zelle einem negativen Einfluss durch die Integration unterlag. In den Versuchen für die Proliferationsassays wurden bereits selektionierte und über mehrere Tage expandierte Zellen verwendet. Wenn es hier zu einer negativen Beeinflussung der Zellen kam, wurden diese durch schneller wachsende Zellen verdrängt. Für den Seneszenztest wurden mehrere unabhängige Transduktionen durchgeführt und verschiedene Beobachtungszeiträume gewählt. Die Beurteilung der gesamten Wells sowie der Vergleich der Ergebnisse der einzelnen Versuchsansätze machten eine Fehlinterpretation durch den zufälligen Einbau des Zielgens unwahrscheinlich.

Die Expression der Zielgene wurden mittels Northern Blots und Western Blots untersucht und bestätigt. Die Effizienz der Transduktion konnte zum einen im Vergleich zwischen selektionierten und nicht selektionierten Proben in der mikroskopischen Beurteilung und im Northern Blot gesehen werden. Zum anderen zeigte die Expression von eGFP eine hohe Anzahl erfolgreich transduzierter Zellen. eGFP und das daraus resultierende grüne Fluoreszieren der Zellen nach entsprechender Anregung gibt einen Anhaltspunkt für einen erfolgreichen Ansatz. Allerdings können verschiedene Gene unterschiedlich effizient in die Zielzellen transduziert werden, da sie toxische Auswirkungen auf die virusproduzierenden Zellen haben können. Dadurch werden niedrigere Virustiter erzeugt und die Effizienz der Transduktion sinkt [138]. Zu dem Zeitpunkt der ersten Tests war noch nicht viel über die zu transduzierenden Gene bekannt und ein Einfluß auf die virusproduzierenden Zellen konnte nicht ausgeschlossen werden. Für die Überprüfung auf RNA-Ebene wurden neben verschiedenen Genen in den entsprechenden Zelllinien die Gene SORBS2-1, SORBS2-2 und TLR3 sowohl in den getesteten Zelllinien als auch in primären Fibroblasten und Keratinozyten ausgewählt. Zwischen selektionierten und unselektionierten Zellen sind in den Bandenintensitäten von ABI3, WDR37 und IL15RA keine Unterschiede zu erkennen. Es zeigte sich sowohl bei der Beobachtung der Zellen während der Kultivierung und Selektionierung als auch in den Northern Blots, dass die Transduktion erfolgreich war. Während der Selektion wurden nur wenige tote Zellen beobachtet. Dies war vergleichbar mit der Anzahl abgestorbener Zellen während der normalen Kultivierung. Dies ließ auf ein sehr effizientes Einbringen der Kandidatengene in die Zielzellen schließen. Die Expression der Gene SORBS2 und TLR3 über einen längeren Zeitraum läßt keine Abnahme in der Expressionsintensität sehen. Dies verifziert die Langzeitbeobachtungen während der Seneszenz-Tests in Fibroblasten. Auch auf Protein-Ebene konnte für SORBS2 die Expression bestätigt werden. Nur für dieses Gen war ein kommerzieller und gut funktionierender Antikörper erhältlich. Für TLR3 funktionierten die erhaltenen Antikörper nicht oder nur mit einem erheblichen Hintergrund verschiedener zusätzlicher Banden. Diese Banden konnten auch durch eine Anpassung des Protokolls nicht eliminiert werden, wodurch eine genaue Aussage auf Proteinebene von TLR3 nicht möglich war. Die TLR3-Expression konnte allerdings auf RNA-Ebene bestätigt werden. Die Detektion von TLR3 auf Proteinebene kann daher noch einmal im Kontext zur zweiten kleineren Bande im Northern Blot in einem neuen Versuchsansatz hin analysiert werden.

5.2 Einzelne Gene zeigten einen negativen Einfluß auf die Proliferation

Die generellen Eigenschaften von Tumoren wurden durch Hanahan und Weinberg [77] beschrieben. Zwei der wesentlichen Charakteristika von Tumorzellen wurden in Verbindung mit den identifizierten Genen auf den Chromosomen 4q35-qter und 10p14-15 näher untersucht. Dazu gehören das unbegrenz-te poliferative Potential und die Verhinderung von Wachstumsstopps, wie Apoptose und Seneszenz. Für die Untersuchung der Proliferation stehen mehrere Assays zur Verfügung. Mit dem [^{3}H]-Thymidin Assay kann die Anzahl lebender Zellen über die Einbaurate des [^{3}H]-Thymidins in die DNA bestimmt werden. Hierzu sind allerdings Arbeiten mit radioaktivem Material nötig. Eine nicht-radioaktive Alternative für den [^{3}H]-Thymidin-Assay stellt das 5-Bromodeoxyuridin (BrdU) als Nucleotidanalogon dar. Wie auch das [^{3}H]-Thymidin wird das BrdU während der Zellteilung in die neusynthetisierte DNA eingebaut [143]. Es kann über einen monoklonalen Antikörper und immunhistochemische Färbung, ELISA oder FACS-Analyse detektiert werden. Eine weitere Möglichkeit ist ein colorimetrischer Bioassay, der die Umwandlung eines Tetrazoliumsalzes (MTT) in ein Formazanprodukt detektiert [124]. Nur lebende Zellen besitzen eine aktive mitochondriale Dehydrogenase, die das MTT in einen wasserunlöslichen, blauen Farbstoff umwandeln können. Dieses kann anschließend spektrophotometrisch bei einer Wellenlänge von 570 nm vermessen werden. Der Vergleich zwischen dem MTT- und dem [^{3}H]-Thymidin-Assay zeigt, dass der MTT-Assay sensiver ist als die Messung der Einbaurate von [^{3}H]-Thymidin [67]. Des Weiteren wird bei dem MTT-Assay auf Radioaktivität verzichtet. Im Gegensatz zum BrdU- oder [^{3}H]-Thymidin-Assay wird bei dem MTT-Assay die Stoffwechselaktivität aller lebenden Zellen gemessen und nicht die DNA-Synthese. Lappalainen und Kollegen fanden

beim Vergleich beider Methoden allerdings keine Unterschiede und die Ergebnisse waren ähnlich [102]. In der vorliegenden Studie wurde der MTT-Assay für die Untersuchungen der Proliferation nach der ektopischen Expression der Kandidatengene verwendet.
Die nach der Transduktion des Leervektors pCDH gemessenen Werte im Proliferationsassay wurden als Basiswert (= 100 %) für die Normalisierung der Kandidatengene genommen. Die zwei Tumorsuppressorgene p33ING1 und p33ING2 wurden als Positiv-Kontrollen für die Inhibierung der Proliferation verwendet. Der Leervektor sowie die beiden Tumorsuppressorproteine wurden in jede verwendete Zelllinie transduziert, um als Kontrollen zu dienen.

DIP2C

Die ektopische Expression von DIP2C führte in zwei Zelllinien (frühe Passagen von HPKIA und HPKII) zu einer geringeren Proliferation im Vergleich zum Leervektor (Abbildungen 4.19a und 4.22a). Während des Messzeitraums konnte insgesamt eine langsamere Proliferation beobachtet werden (Abbildungen 4.19b und 4.22b). Diese Daten sind die ersten Beschreibungen einer deregulierten Expression und einer Funktion von DIP2C im Zervixkarzinom. Das Protein DIP2C ist ein Mitglied der Disco-interacting Protein homologe Familie 2 und hat Ähnlichkeit mit einem Drosophila-Protein, das mit dem Transkriptionsfaktor Disco interagiert. Disco ist unter anderem für die embryonale Entwicklung von Bedeutung. Das DIP2C-Protein besitzt katalytische Aktivität und ist im Nukleus lokalisiert. Von seiner weiteren molekularen Funktion ist bekannt, dass es Transktiptionsfaktoren binden kann. Es ist in verschiedenen Spezies konserviert, wie z.B. Fruchtfliege, Mensch, Maus, Ratte oder C. *elegans* [126, 145]. Durch eine mögliche Interaktion mit einem Transkriptionsfaktor und seine katalytische Aktivität könnte DIP2C direkt an der Regulation von Genen beteiligt sein, die einen Einfluß auf die Proliferation der Zelle haben. Denkbar ist sowohl eine Aktivierung der Genexpression als auch eine Inhibierung von Genen. In weiteren Versuchsansätzen sollten die Interaktionspartner und die Rolle von DIP2C während der Proliferation untersucht werden. Interessant wäre hierbei mit welchen Transkriptionsfaktoren DIP2C in humanen Zellen interagiert und welche Gene oder Gengruppen der Kontrolle dieser Faktoren unterliegen.

WDR37

Zwei weitere Gene, IL15RA und WDR37, zeigten einen starken negativen Effekt auf die Proliferation in HPKII-Zellen (frühe Passagen) im Vergleich zur Negativ-Kontrolle. Die Werte nach dem Einbringen einzelner Gene und der Normalisierung mit dem Leervektor lagen über denen des Leervektors (Abbildung 4.22a). Dies kann durch ein besseres Anwachsen der Zellen nach dem Aussähen erklärt werden. Im weiteren Verlauf der Messungen nimmt die Proliferation gegenüber dem ersten Messtag deutlich ab (Abbildung 4.22b). Die verringerte Genexpression von WDR37 in Verbindung mit dem Zervixkarzinom wurde bisher noch nicht beschrieben. WDR37 ist ein Mitglied der WD repeat domain-Familie. Diese Domänen haben minimal konservierte Regionen von ca. 40 Aminosäuren, die durch Glycin-Histidin und Tryptophan-Asparaginsäure (GH-WD) begrenzt werden. Dies ermöglicht die Bildung von Heterotrimeren oder Multiproteinkomplexen. Proteine dieser Familie sind an verschiedenen Aufgaben in der Zelle beteiligt, wie Zellzyklusregulation, Signaltransduktion, Apoptose, Zytoskelett und Genregulation [104]. Zu dem Protein bzw. Gen WDR37 ist bisher nur wenig mehr bekannt. Denkbar ist in Verbindung mit den Ergebnissen des Proliferationsassays, dass WDR37 durch seine Bildung von Multiproteinkomplexen an der Transkription von Genen beteiligt ist, die einen regulierenden Einfluß auf die verstärkte Proliferation von HPV-positiven Zellen haben. Des Weiteren könnte es auch direkte regulatorische Funktionen auf Proteine ausüben, die an der Weiterleitung von Signalen in der Zelle beteiligt sind. Der Multiproteinkomplex könnte Proteine sequestrieren, die direkt an der Proliferation beteiligt sind und somit die Zellteilung verlangsamt oder gestoppt wird.

Es konnte mit Hilfe des Hefe-Zwei-Hybrid-Systems ein Interaktionspartner von WDR37, das Ewings sarcoma breakpoint region 1 (EWSR1), identifiziert werden [148]. Das EWSR1-Protein ist in verschiedene Zellprozesse involviert, zu denen die Genexpression und die Beteiligung an zellulären Signalwegen zählen. Im Ewing's Sarkom ist das EWSR-1 Gen auf Grund chromosomaler Translokation mit dem Protein Fli-1 fusioniert. Dadurch besitzt es als weitere Eigenschaft eine DNA-Bindedomäne. Diese und weitere EWS-Fusionsproteine konnten auch in anderen Tumorentitäten gesehen werden [179]. Da EWSR-1 als Partner von WDR37 identifiziert wurde, könnten sie in der Zelle Bestandteile von Heterotrimeren oder Multiproteinkomplexen sein. Beide Proteine sind an der Signaltransduktion und Genexpression beteiligt. Dies läßt vermuten, dass sie als Transkriptionsfaktoren einen direkten inhibierenden Einfluß auf die Expression bestimmter Gene haben können. Zudem ist auch eine Beteiligung an Signalwegen denkbar, die antiprolifertive Auswirkungen auf die Zelle haben. In weiteren Analysen sollte WDR37 und seine Mitwirkung an verschiedenen Signalwegen und genregulatorischen Prozessen untersucht werden.

IL15RA

Das zweite in HPKII-Zellen getestete Gen, IL15RA, ist ein Zytokinrezeptor. Die Alpha-Untereinheit bindet Interleukin 15 (IL15) mit hoher Affinität. IL15 ist wichtig für die Proliferation und Differenzierung von B-Zellen und ist auch ein Wachstumsfaktor für T-Zellen [5, 74]. In Keratinozyten hat IL15 in Verbindung mit IL15RA einen inhibierenden Effekt auf die Induktion der Apoptose [149]. Der Verlust von IL15RA während der Zervixkarzinogenese kann für die HPV-positive Zelle vertretbar sein, da das Onkogen E6 durch die Inhibierung von p53 die Zelle vor der Apoptose schützt. Durch den Eingriff der beiden Gene E6 und E7 in die Signalwege der Keratinozyten wird eine erhöhte Proliferation induziert. Der Verlust von IL15RA kann mit der allgemeinen genomischen Instabilität zusammen hängen. Verluste oder Rearrangements des kurzen Arms von Chromosom 10 können durch den Verlust eines anderen möglichen Tumorsuppressorgens für die HPV-positive Zelle von größerer Bedeutung sein. Der Verlust eines anti-apoptotischen Gens (IL15RA in Verbindung mit IL15) hat daher eventuell für die Zelle keine größere Bedeutung.

IL15 hat wichtige Funktionen im adaptiven Immunsystem. Es begünstigt das Überleben von $CD8^+$-Gedächtniszellen und erhält somit die Langzeit-Immunantwort auf Impfungen. IL15 ist unter anderem an der Induktion der Proliferation von aktivierten T- und B-Zellen beteiligt. Des Weiteren ist es für den Erhalt und die Aktivierung von NK-Zellen (natürliche Killerzellen) wichtig [173]. Neben dem hochaffinen Rezeptor IL15RA für IL15 kann dieses Interleukin auch an die beiden Rezeptoren IL2/IL15Rβ und IL2/IL15RγC binden, allerdings nur mit einer moderaten Affinität. Diese drei Rezeptoren können einen heterotrimeren Komplex bilden, IL15 als ihren Ligand binden und eine zelluläre Antwort erzeugen. Ein weiteres Modell ist die Trans-Präsentation von IL15 durch IL15RA zu einer gegenüberliegenden Zelle. Dort bindet IL15 an den dimeren IL2/IL15R$\beta\gamma$-Komplex und induziert eine Zellantwort [155]. Durch den Verlust bzw. die verminderte Expression des hochaffinen Rezeptors IL15RA für IL15 während der Zervixkarzinogenese hat dies vermutlich einen Einfluss auf die Erkennung und Bekämpfung des Tumors durch Immunzellen. In diesem Zusammenhang scheint der Verlust von IL15RA eine größere Bedeutung für die Tumorprogression zu haben. Daher sollte in weiteren Untersuchungen hierzu die Rolle von IL15RA im Zervixkarzinom und in Verbindung mit dem Immunsystem näher beleuchtet werden.

Für die Expressionsanalyse wurde mikrodissektiertes Material verwendet, um ein genaueres Expressionsmuster der Tumorareale zu erhalten. Außerdem ließen sich so die Gewebe von CIN3 und CxCa besser vergleichen. Hierfür wurde vor allem bei den Tumorbiopsien darauf geachtet, Bereiche zu mikro-dissektieren, die so wenige infiltrierende Immunzellen wie möglich aufwiesen. Teilweise wurden einzelne Biopsien verworfen, wenn die Infiltration von Lymphozyten nach IHC-Färbung zu stark war. Dennoch scheinen einzelne Lymphozyten und nach der Isolierung auch deren RNA in die Hybridisierung und Auswertung eingeflossen zu sein. IL15RA, sowie alle weiteren untersuchten Gene, wurden mittels real-time PCR nochmals an verschiedenen mikrodissektierten Proben validiert. Hier zeigte sich eine signifikant niedrigere Expression von CIN3 zum CxCa. Diese Ergebnisse könnten sich auf die zum Teil mitgeführten Lymphozyten beziehen. Allerdings konnten auch in den verwendeten und vorher mit real-time PCR validierten Zelllinien Unterschiede in der IL15RA-Expression gefunden werden. IL15RA wird sowohl in Immunzellen als auch in Nicht-Immunzellen und -geweben exprimiert [20]. Die Expression von IL15RA und seines Liganden IL15 wurde in Keratinozyten und HaCaT-Zellen nachgewiesen. IL15 verhindert die Induktion der Apoptose in Keratinozyten und kann deren Proliferation induzieren [149, 180]. In den vorliegenden Untersuchungen konnte hingegen eine Verlangsamung der Proliferation gegenüber der Kontrolle beobachtet werden. In high-risk HPV-positiven Zellen kommt es auf Grund der

Expression der Onkogene E6 und E7 und deren Bindung an p53 und pRB zu einer genomischen Instabilität. Während der Immortalisierung können dann weitere genetische Veränderungen etabliert und fixiert werden. Nach der Expression des Gens IL15RA kann es zur direkten oder indirekten Beeinflussung der Signalwege für die Proliferation kommen. Nach der Aktivierung des IL15-Rezeptor alpha kommt es zur Signalweiterleitung über den Jak-Stat-Pathway. Die Folge ist die Expression verschiedener Stat-abhängiger Gene, unter anderem weiterer Transkriptionsfaktoren. Die detaillierte Rolle von IL15RA in HPV-positiven Zellen und der Einfluß dieses Rezeptors auf die Signaltransduktion sollte in weiteren Untersuchungen näher analysiert werden.

SORBS2 ist ein Multiadapterprotein

Zwei weitere vielversprechende Gene waren SORBS2 und TLR3. Sie führten nach ihrer Transduktion in verschiedene Zelllinien ebenfalls zu einer verminderten Proliferation. In frühen HPKIA Passagen zeigten SORBS2 transduzierte Zellen gegenüber mit Leervektor transduzierten Zellen insgesamt eine geringere Zelldichte (Abbildung 4.19 a). Während des Beobachtungszeitraums nahm die Proliferation, der mit SORBS2 transduzierten Zellen gegenüber den mit dem Leervektor transduzierten Zellen, leicht ab (Abbildung 4.19 b). Am vierten Messtag ist allerdings gegenüber dem ersten Tag ein Anstieg zu verzeichnen. Um dies näher einordnen zu können, sind weitere experimentelle Daten notwendig.

In den Versuchen wurden zwei verschiedene Varianten von SORBS2 verwendet, die in der vorliegenden Studie als SORBS2-1 und SORBS2-2 bezeichnet wurden. Die beiden SORBS2-Varianten entspechen der kodierenden Sequenz (CDS) der Transkriptvariante 2 (NM_021069.4; http://www.ncbi.nlm.nih.gov) aus der Literatur. SORBS2-1 ist verkürzt um das Exon 24. Bei der längeren Variante (SORBS2-2) fehlt ebenfalls das Exon 24, aber sie enthält noch zusätzlich das Exon 21. Beide Proteinvarianten haben eine SoHo-Domäne (Sorbin homology) an ihren N-Termini und die drei SH3-Domänen (Src homolog 3) an den Carboxylenden. SORBS2 ist ein Multiadapterprotein ohne eigene enzymatische Aktivität. Es ist aufgrund seiner SoHo-Domäne ein Mitglied der SoHo-Proteinfamilie, die an der Zytoskelettorganisation und Signaltransduktion beteiligt ist [93]. C-Abl und Arg sind Mitglieder der Abl-Kinasefamilie. SORBS2 ist neben der Eigenschaft als Bindungspartner von c-Abl und Arg auch ein Substrat dieser Nicht-Rezeptor Tyrosinkinasen [174]. Die Bindung von SORBS2 an diese Proteine erfolgt über die SH3-Domänen im C-Terminus des Proteins. Taieb und Kollegen [166] beschrieben SORBS2 im Pankreaskarzinom, wo SORBS2 reprimiert ist. Es scheint dort eine wichtige Rolle bei der Transformation zum Pankreaskarzinom zu spielen, da es einen inhibierenden Einfluss sowohl bei der Adhäsion als auch bei der Migration der Zellen hat.

In den durchgeführten Versuchen zur Proliferation zeigten HPKIA Zellen nach ihrer Transduktion mit je einer der beiden SORBS2-Varianten eine Reduktion in ihrer Proliferation gegenüber dem Leervektor. Dies steht im Kontrast zu den Ergebnissen von Taieb und Kollegen [166]. Sie konnten keinen Effekt auf die Proliferation einer Pankreastumor-Zelllinie sehen, nachdem sie SORBS2 dort induzierten. Diese Analysen waren allerdings vielmehr auf die Untersuchungen von Zelladhäsion und Migration nach der Expression von SORBS2 gerichtet. Die vorliegende Arbeit bestätigt hingegen die Ergebnisse von Backsch und Kollegen [11], wo ebenfalls eine Reduktion in der Proliferationsfähigkeit von HPKII und CaSki Zellen nach der ektopischen Expression von SORBS2 gesehen wurde. Durch die Expression von SORBS2 und seine regulierende Funktion auf c-Abl, könnten für die Proliferation wichtige Proteine nicht mehr phosphoryliert werden. Somit könnten zum einen Proteine, die direkt an der Proliferation beteiligt sind, inaktiv bleiben. Zum anderen könnten dadurch Signalwege unterbrochen werden, die schließlich zur Hemmung der Proliferation führen. Um die Bedeutung von SORBS2 im Zervixkarzinom und speziell die Rolle bei der Proliferation näher zu beleuchten, sind weitere Daten notwendig. Diese ersten Ergebnisse liefern allerdings einen Anhaltspunkt.

Eine weitere Beschreibung von SORBS2 in der Literatur befasst sich mit dem Verlust des C-Terminus im B-Zelllymphom nach der Deletion von Chromosom 4q35.1 [118]. SORBS2 ist dadurch nicht mehr in der Lage, die Kinasen c-Abl oder Arg zu binden. Ein weiteres Beispiel für den Funktionsverlust von SORBS2 tritt nach der Translokation der Chromosomenbereiche 4q35 und 11q23 auf. Dies wurde in einem Fall akuter myeloischer Leukämie-M5 beschrieben [140]. Auch im Zervixkarzinom ist SORBS2 durch den Verlust von Chromosom 4q35 reprimiert.

TLR3

HPKII Zellen in einer späten Passage zeigten nach der Expression von TLR3 eine verminderte Proliferation gegenüber dem Leervektor (Abbildungen 4.20 a und b). TLR3 gehört zu der Familie der Toll-like Rezeptoren, die eine Gruppe von 10 Transmembranrezeptoren sind. TLRs sind ein Teil des nicht-spezifischen angeborenen Immunsystems und spielen eine große Rolle bei der Pathogenerkennung. Die extrazelluläre Domäne ist charakterisiert durch Leucin-reiche Wiederholungen, während der intrazelluläre Bereich durch eine Toll/Interleukin (IL)-1 Rezeptor (TIR) Domäne gekennzeichnet ist [2]. Der Toll-like Rezeptor 3 erkennt hierbei speziell doppelsträngige (ds)-RNA. Nach der Bindung eines Liganden dimerisiert der Toll-like Rezeptor 3 und vermittelt das Signal mittels TRIF (toll/interleukin-1-receptor-domain-containing adaptor inducing interferon-β; Toll/Interleukin-1-Rezeptordomäne beinhaltender Adaptor, der Interferon-β induziert) in die Zelle. Nach der Aktivierung intrazellulärer Pathways, vermittelt durch NF-κB, MAPK oder den Transkriptionsfaktor IRF (Interferon (IFN) regulatorischer Faktor), werden die Zytokine IFN-β und TNF-α exprimiert [3, 91]. Sowohl primäre Fibroblasten als auch Keratinozyten exprimieren TLR3 [120, 119].

Das Protein ist an den Endosomen lokalisiert, wird aber auch an der Zelloberfläche gefunden [115, 61]. Salaun und Kollegen [151] konnten nach der Applikation des TLR3-Liganden mit einem Typ I Interferon eine Inhibierung der Proliferation in Melanomazellen sehen. In der vorliegenden Arbeit wurde eine verringerte Proliferation alleine durch die Expression von TLR3 gesehen. Durch den starken CMV-Promotor für die Expression von TLR3 kann es zu einer Überexpression des nachgeschalteten Gens kommen. Es ist dadurch möglich, dass aufgrund der erhöhten Expression die Rezeptoren dimerisieren und die Signalkaskade in der Zelle aktivieren. Dies hätte dann den gleichen Effekt wie die Induktion durch einen Liganden.

Eine weitere mögliche Erklärung für die Inhibierung der Proliferation durch TLR3 sind endogene Faktoren. Die TLR-Signalkaskaden sind komplex und für TLR3 noch nicht vollständig enträtselt. In einer Studie zu Artheriosklerose wird TLR3 eine protektive Rolle in Verbindung mit endogenen Agonisten zugeschrieben [30]. Durch die wiederhergestellte Expression von TLR3 und möglichen Bindungen endogener Agonisten könnte die durch high-risk HPV gestörte Signalkaskade rekonstruiert werden. Die folgende Zytokinexpression kann zu einer Inhibierung der Proliferation führen, wie Salaun und Kollegen dies schon für Melanomazellen beobachten konnten.

Zusammenfassung Proliferationsassay

Die Ergebnisse des Proliferationsassays liefern einen Anhaltspunkt für eine mögliche Beteiligung der Gene als Inhibitoren der Proliferation und als Tumorsuppressorkandidaten. Die Versuche wurden im Triplikat durchgeführt. Die in den Grafiken eingefügten Standardabweichungen sollen einen Hinweis auf die Streuung der Werte geben und den Zufall der nicht repräsentativen Auswahl ausschließen. Dies ist bei drei Messungen aber nur im Ansatz möglich. Um eine eindeutige und auf Signifikanz beruhende Aussage treffen zu können, wären mehr Messpunkte nötig gewesen. Dieser Assay sollte zunächst Anhaltspunkte zu den transduzierten Genen liefern, auch in Bezug zu möglichen Tumorsuppressor-Eigenschaften. In einem weiteren Test sollte dann die Fähigkeit zur Induktion der Seneszenz überprüft werden.

5.3 SORBS2 und TLR3 induzierten Seneszenz in Fibroblasten und Keratinozyten

Eine weitere mögliche Eigenschaft von Tumorsuppressorgenen ist die Fähigkeit zur Induktion von Seneszenz. Vorangegangene funktionelle Untersuchungen der chromosomalen Bereiche 4q35-qter und 10p14-15 gaben Hinweise zur Lokalisation von Genen mit dieser

Eigenschaft [10, 142]. Die Proliferationsassays wurden an stabil transduzierten Zelllinien durchgeführt. Im Gegensatz dazu konnten die Versuche zur Seneszenz an Zellen durchgeführt werden, die nur wenige Tage zuvor transduziert wurden.

Die beiden Tumorsupprssorgene (TSG) p33ING1 und p33ING2 wurden als Positiv-Kontrollen für die Induktion der Seneszenz eingesetzt, während der Leervektor pCDH als Negativ-Kontrolle diente. Beide TSG besitzen keine eigene enzymatische Aktivität, können den Zellzyklus aber über p53 beeinflussen. Durch p33ING1 wird die Transkription p53-abhängiger Gene leicht verstärkt. P33ING2 hingegen führt zu einer erhöhten Acetylierung von p53 und zu einer stärkeren Expression der Gene p21 und Bax [130]. Im Gegensatz zu p33ING1 kooperiert p33ING2 nicht direkt mit p53 [130, 63]. Des Weiteren führt die Interaktion mit p53 zur Expression von p21 [63], das neben p53 und pRB auch an der Induktion der Seneszenz beteiligt ist. P33ING1 wird auch im natürlichen Verlauf der Seneszenz vermehrt exprimiert und dessen ektopische Expression kann in bestimmten Zellen die vorzeitige Alterung auslösen [64, 70]. Ein weiterer Interaktionspartner von p33ING1 ist p14ARF [72]. Die Bindung von MDM2 durch p14ARF führt zur Stabilisierung von p53. MDM2 ist eine E3 Ubiquitinligase, die p53 dem Ubiquitin-Proteasom-Pathway zuführt und somit deaktiviert. Die beiden TSG p33ING1 und p33ING2 haben über verschiedene Faktoren eine direkte Verbindung zum Signalweg für die Seneszenzinduktion und können somit überzeugend als Positiv-Kontrollen in p53-positiven Zellen dienen.

5.3.1 Seneszenz und das Verhalten von ausgewählten Zelllinien

Seneszente Zellen besitzen einen charakteristischen Phänotyp, der sich durch eine flache und große Zellmorphologie äußert. Zellen in diesem Stadium zeigen eine erhöhte Expression einer aktiven Seneszenz-assoziierten β-Galactosidase (SA-β-Gal) [44]. Diese spezifische Galactosidase hat ihre Aktivität bei einem pH-Wert von 6,0. Daher zeigt sich nach der Behandlung seneszenter Zellen mit einer X-Gal-Lösung bei pH 6,0 eine blaue Färbung um den Nukleus dieser Zellen. Nicht-seneszente Zellen besitzen in ihren Lysosomen eine β-Galactosidase, die bei einem pH-Wert von 4,0 aktiv ist. Die Erhöhung der SA-β-Gal in seneszenten Zellen fällt wahrscheinlich mit der Vermehrung bzw. Vergrößerung der Lysosomen während der Seneszenz zusammen. Die Aktivierung der SA-β-Gal scheint aber nicht in dem Prozeß der Seneszenzinduktion involviert zu sein [103]. In den Untersuchungen zeigten seneszente Zellen dieselbe Morphologie, wie Fibroblasten, die am Ende ihrer Lebensspanne die replikative Seneszenz erreichten. Nach 60-80 Zellteilungen (populations doublings) beenden normale Fibroblasten das Wachstum und die Zellteilung [80]. Neben den primären Fibroblasten wurden auch primäre Keratinozyten untersucht. Keratinozyten haben eine deutlich kürzere Lebensspanne als Fibroblasten, sind aber der natürliche Ursprung des Zervixkarzinoms. Nach 10-15 Zellteilungen erreichen primäre Keratinozyten die replikative Seneszenz. Die verwendeten Keratinozyten für die Seneszenztests hatten zwischen 5 und 8 Zellteilungen durchlaufen. Bei der Kultivierung der Zellen ist darauf zu achten, die Zellen nicht zu dicht wachsen zu lassen. Durch die Kontaktinhibierung kann es zu einer positiven β-Gal-Färbung kommen [161]. Neben der Identifizierung der SA-β-Gal wurde auch stets auf die Morphologie der zu untersuchenden Zellen geachtet, um falsch positive Ergebnisse auszuschließen.

Zunächst wurde die Seneszenz in verschiedenen immortalen Zell- und Tumorzelllinien (HPV16-positiv) überprüft. In diesen HPV16-positiven Zelllinien konnte keine Induktion der Seneszenz beobachtet werden. Diese Beobachtung ist in Übereinstimmung mit den Ergebnissen von Backsch und Kollegen [11]. Das Einbringen eines der Gene veränderte die Zellen nicht ausreichend, um von ihrem immortalen Phänotyp wieder zu einem mortalen Phänotyp zu gelangen. Zelllinien können während ihrer Kultivierung weitere genetische Aberrationen hinzugewinnen, so dass sie nicht vollständig mit primären Zellen zu vergleichen sind. Des Weiteren ist zu beachten, dass in Tumoren, aus denen unter anderem Zelllinien abgeleitet wurden (SiHa, CaSki), während ihrer Progression verschiedene Aberrationen auftreten können, die eine replikative und Onkogen-induzierte Seneszenz verhindern. Daher scheint es, dass die ektopische Expression eines Gens nicht ausreichend ist, um die Summe der Veränderungen in diesen Zelllinien zu komplementieren. Eventuell sind Versuche mit der parallelen Expression mehrerer Gene in einer Zelllinie nötig, um Seneszenz induzieren zu können. Außerdem ist zu beachten, dass die Induktion der Seneszenz von bestimmten Pathways abhängig ist, die durch die HPV-Onkogene E6 und E7 gestört oder inaktiviert wurden. So sind die beiden Tumorsuppressorgene p53 und pRB und somit die entsprechenden Signalwege für die Seneszenz inhibiert. Durch eine mögliche Wiederherstellung des p53-Levels in der Zelle mittels einer ektopischen Expression könnte alleine dadurch schon eine Seneszenz induziert werden. Die Coexpression mehrerer Gene führte vielleicht unabhängig der p53- und pRB-Signalwege zur Induktion von Seneszenz mittels der Umgehung dieser Signalwege. Frühere Untersuchungen zeigten, dass das Einbringen ganzer Chromosomen oder Abschnitten von Chromosomen durch MMCT Seneszenz auch in immortalen Zelllinien induziert werden konnte [142, 10].

5.3.2 SORBS2

Die weiteren Versuche zur Induktion von Seneszenz wurden in primären Fibroblasten und Kerationozyten durchgeführt. Die Untersuchungen erfolgten zunächst in vier unabhängigen Experimenten mit Fibro-blasten. Hierbei wurde sowohl eine Langzeitbeobachtung als auch kürzere Untersuchungsintervalle einbezogen. Während der Langzeitbeobachtung gehen seneszente Zellen verloren, die durch das Umsetzen und Teilen der Kultur vom Boden des Gefäßes abgelöst wurden. Zellen, die in die G0-Phase des Zellzyklus eingetreten sind, leben über längere Zeit weiter, aber neben der Poliferationsfähigkeit haben sie auch ihre Fähigkeit eingebüßt, an einem neuen Kulturboden anzuwachsen. Während der Langzeitbeobachtung konnte daher eine leichte Abnahme in der Anzahl seneszenter Zellen in den nachfolgenden Passagen gesehen werden. Die Expression einzelner Gene wurde mittels Northern und Western Blots bestätigt. In den Untersuchungen zur Seneszenz zeigte die ektopische Expression von SORBS2 einen sehr starken Effekt sowohl in Fibroblasten als auch in Keratinozyten. Parallel dazu geführte β-Galactosidase-Assays der verwendeten, unbehandelten Keratinozyten und Fibroblasten zeigten keine seneszenten Zellen.

Die ektopische Expression von SORBS2 führt zu einer deutlich höheren Anzahl seneszenter Zellen im Vergleich zur Kontrolle (Leervektor). Dieselben morphologischen Charakteristika und die Expression des SA-β-Gal Marker konnte in primären Keratinozyten ebenso nachgewiesen werden wie zuvor in Fibroblasten. Die ersten seneszenten Zellen konnten ungefähr eine Woche nach Transduktion detektiert werden. Die Induktion und der Prozess der Seneszenz sind relativ langsam ablaufende Zellereignisse. In beiden Zelltypen löste die längere SORBS2-Variante einen größeren phänotypischen Effekt aus, zu sehen an der Anzahl seneszenter Zellen. Die Induktion eines seneszenten Phänotyps durch SORBS2 ist ein neuer Aspekt in der Funktion dieses Gens. SORBS2 wurde als ein Protein beschrieben, das neben dem Vorkommen in Streßfasern auch im Zellkern lokalisiert ist [174]. Mit den drei SH3-Domänen interagiert SORBS2 mit poly-Prolin-reichen Motiven von c-Arg und c-Abl Kinasen. Ein Komplex der Ubiquitinligase Cbl und SORBS2 vermittelt die Ubiquitinylierung und Degradierung von c-Abl [164]. Innerhalb dieses Komplexes agiert SORBS2 als Regulator der Ubiquitinylierung und dem Abbau von c-Abl. Es ist möglich, dass SORBS2 als ein Tumorsuppressor bei der Regulation von c-Abl handelt. SORBS2 hat aber nicht nur eine negativ regulierende Funktion auf c-Abl, sondern kann die Kinaseaktivität auch verstärken [164, 166].

Bis jetzt ist noch nicht bekannt, wie SORBS2 mit dem Seneszenz-Pathway (p53, pRB) verbunden ist oder ob SORBS2 direkt Seneszenz induzieren kann. Wie die Familie der ING Tumorsuppressorproteine besitzt auch SORBS2 keine eigene enzymatische Aktivität [23]. Daher ist es denkbar, dass sich über Protein-Protein-Interaktionen mit wichtigen Schlüsselproteinen, die für die Induktion der Seneszenz von Bedeutung sind, eine Verbindung zu diesen Signalwegen eröffnet. In einer früheren Studie konnte gezeigt werden, dass p53 die SH3-Domäne des 53BP2 Proteins über den L3 Loop bindet [73]. Durch sein Vorkommen im Zellkern sowie seinen SH3-Domänen wäre SORBS2 in der Lage, mit p53 zu interagieren. Dadurch könnte SORBS2 über eine Bindung an p53 direkt an der Induktion der Seneszenz beteiligt sein. Eine andere Möglichkeit wäre mitttels einer direkten Kooperation die Stabilisierung von p53 zu erwirken bzw. eine Interaktion mit anderen Proteinen einzugehen, um p53 zu aktivieren. Durch die ektopische Expression von p33ING1 oder p33ING2 konnte die Seneszenz, wie in verschiedenen Studien gezeigt wurde, frühzeitiger induziert werden. Mittels der SORBS2-Expression könnte hier eine ähnliche Induktion der Seneszenz wie durch die Tumorsuppressorgene p33ING1 und p33ING2 vorliegen.

5.3.3 TLR3

Ein anderes Gen, das während der Zervixkarzinogenese herunter reguliert ist, war TLR3. Die ektopi-sche Expression von TLR3 in primären Fibroblasten und Keratinozyten führte zu einer hohen Anzahl seneszenter Zellen im Vergleich zur Kontrolle. TLR3 wurde bisher noch nicht in Verbindung mit dem Zervixkarzinom und Seneszenz beschrieben. In verschiedenen Publikationen wird TLR3 und sein synthetischer Ligand Polyriboinsäure:Polyribotidylsäure (Poly (I:C)) als Induktoren für die Apoptose be-schrieben [3]. In den ersten drei Tagen nach der Transduktion konnte auch in der vorliegenden Studie eine höhere Anzahl apoptotischer Zellen im Vergleich zur Kontrolle gesehen werden. Diese Beobachtung ist in Übereinstimmung mit den Beschreibungen von Alexopoulou und Kollegen [3]. Des Weiteren wurde während der Etablierung stabiler Klone mit TLR3 in verschiedenen Zelllinien ein negativer Einfluss auf das Zellverhalten beobachtet. Dies beinhaltete Zellwachstum und Proliferation. Die stabilen Klone selbst zeigten hingegen keine apoptotischen Zellen.

Die biologische Funktion von TLR3 und speziell seine Rolle in der Apoptose und dem Zellüberleben wurden in verschiedenen Tumorentitäten und Tumorzelllinien beschrieben. Die Untersuchung von Lu-ngentumorzelllinien mit einer Stimulation durch Poly (I:C) und / oder Cycloheximid zeigte unterschiedliche Effekte. In einer Zelllinie konnte eine signifikante Abnahme des Zellüberlebens beobachtet werden, während es bei zwei anderen Zelllinien keinen oder einen leichten Anstieg im Überleben der Zellen gab [152]. Abhängig von der Zelllinie und anderen Stimuli führt die Aktivierung von TLR3 zu unterschiedlichen Zellreaktionen. Untersuchungen an Zelllinien von multiplen Myelomen zeigten ebenfalls keine einheitlichen Ergebnisse nach der Stimulation mit Poly (I:C). In zwei von fünf Zelllinien konnte Apoptose mittels eines IFN-α abhängigen Signalweges induziert werden [29].

In Brustkrebszelllinien konnte durch die Gabe von Poly (I:C) Apoptose dosisabhängig induziert werden [150]. Zusätzlich zeigte sich in der Studie von Salaun und Kollegen [150], dass in PCR-Analysen das mRNA-Level von TLR3 vor der Poly (I:C)-Behandlung der Zellen nicht zu detektieren war, aber nach Zugabe von Poly (I:C) eine starke Expression von TLR3-mRNA zu registrieren war. In der vorliegenden Arbeit konnte eine signifikant niedrigere Expression von TLR3-mRNA in Zervixkarzinomen und verschiedenen Zelllinien gegenüber CIN3 gesehen werden. In weiteren Untersuchungen wäre es interessant zu sehen, wie diese Zelllinien auf eine Gabe von Poly (I:C) reagieren würden und wie sich die Expression von TLR3 dazu verhielte. Allerdings ist zu berücksichtigen, dass die verminderte Expression von TLR3 durch den Verlust der Region 4q35-qter zurückzuführen ist. Falls nur ein Allel von dem Verlust betroffen wäre, könnte die Expression von dem zweiten Allel erfolgen.

Im Falle eines Ausbleibens einer TLR3-Expression könnte das zweite Allel z.B. durch epigenetische Veränderungen ebenfalls inaktiviert sein. Durch die Gabe von TLR3-Agonisten während einer Impfung oder Therapie kann eine Verstärkung der Reaktion auf das Immunsysten hervorgerufen werden. Sollte TLR3 im Zervixkarzinom neben dem chromosomalen Verlust auch noch epigenetisch inaktiviert worden sein, wäre dieser Behandlungsweg nicht mehr möglich. Nur durch ein erneutes Einbringen des TLR3-Gens in die Tumorzellen, könnte eine TLR3-Expression rekonstituiert werden.

In einer Studie von Daud und Kollegen [37] wurde die Expression einiger TLRs nach der Beseitigung einer Infektion mit HPV16 oder 51 und während der Persistenz untersucht. Eine erhöhte Expression von TLR3, TLR7, TLR8 und TLR9 war mit der Beseitung der HPV16 Infektion assoziiert, während bei HPV51 keine Veränderungen zu beobachten waren. Während einer HPV16-Persistenz kam es nicht zu einer Expressionsveränderung der TLRs. In der vorliegenden Arbeit wurden für die Expressionsanalysen hauptsächlich HPV16-positive CIN und CxCa herangezogen. Zwischen den untersuchten CIN und CxCa konnte eine signifikant niedrigere Expression beobachtet werden. Diese Beobachtungen ließen den Schluß zu, dass HPV16 nicht nur bei der Infektion und Persistenz einen negativen Einfluß auf die Expression der TLRs hat und damit verbunden auch auf die Cytokinproduktion. Des Weiteren ist anzunehmen, dass die Expression der TLRs auch während der Progression durch HPV16 reguliert wird, um so vermutlich das Immunsystem negativ zu beeinflussen. Eine stark reduzierte Expression von TLR3 ist dann eine zu erwartende Schlußfolgerung. Um die Beobachtungen von Daud und Kollegen [37] auch in schwergradigen CIN und dem Zervixkarzinom weiter zu führen, können die Expressionsarrays nach den anderen Mitgliedern der TLR-Familie analysiert werden. Des Weiteren kann nach den Proteinen gesucht werden, die in den entsprechenden Signaltransduktionswegen eine Rolle spielen. Die Analyse der Arrays sollte dazu auf das gesamte Genom ausgeweitet werden. In der vorliegenden Untersuchung wurde sich auf die chromosomalen Bereiche 4q35-qter und 10p14-15 konzentriert.

TLR3 hat über sein Adapterprotein TICAM1/TRIF eine Verbindung zur Induktion von IFNα, dem MAPK-Signalweg und zur Apoptoseinduktion. Durch die ektopische Expression von TLR3 in der vorliegenden Arbeit kann es zu einer Überexpression des Gens und einem gehäuften Auftreten des Proteins in der Membran (Endosomen-, Zellmembran) kommen. Der Rezeptor benötigt zwar für seine Aktivierung und Signalweiterleitung einen Liganden (dsRNA), aber durch die erhöhte Transkription ist es möglich, dass es zur Dimerbildung kommt. Eine Aktivierung durch endogene Agonisten ist ebenfals denkbar. Dies wurde von verschiedenen Gruppen in Betracht gezogen [19, 30]. Anschließend kann TICAM1 binden und das Signal zum einen an RIP1 weiterleiten, das ein Apoptose-Mediator ist. Zum anderen ist eine Aktivierung des MAP-Kinase-Wegs möglich. Durch eine verstärkte Transkription der MAPK-abhänigen Gene können Proteine exprimiert werden, die eine Onkogen-induzierte

Seneszenz auslösen.

5.3.4 Zusammenfassung Seneszenztest

Beide SORBS2-Varianten und TLR3 konnten in primären Fibroblasten und Keratinozyten Seneszenz induzieren. Auf Grund der Morphologie der Zellen nach Induktion der Seneszenz und dem β-Gal-Test läßt sich nicht eindeutig sagen, welche Form der Seneszenz in den Zellen ausgelöst wurde. Morphologisch sehen seneszente Zellen gleich aus. Eine replikative Seneszenz kann ausgeschlossen werden, da die Zellen die Anzahl der Populationsverdopplungen noch nicht durchlaufen hatten. Die in der Literatur beschriebenen Einflüsse von SORBS2 und auch TLR3 auf Zellen weisen eher auf eine beschleunigte zelluläre Seneszenz als auf eine Onkogen-induzierte Seneszenz hin. SORBS2 wurde als Regulator für c-Abl beschrieben und kann als Tumorsuppressor dienen. Auch TLR3 hat durch seine Rolle im angeborenen Immunsystem, aber auch in anderen Zellen eher eine Eigenschaft als Tumorsuppressor. Wie die ektopische Expression der beiden Gene p33ING1 und p33ING2 zeigten, kann mit überexprimierten Tumorsuppressorgenen die Induktion der Seneszenz ausgelöst werden. Dies erfolgte wahrscheinlich ebenfalls unter dem Aspekt der beschleunigten zellulären Seneszenz. Die Reaktion der Zelle nach der ektopischen Expression von SORBS2 und TLR3 sollte in weiteren Untersuchungen unter dem Aspekt der Gendosierung betrachtet werden. Eine unterschiedlich starke Expression der jeweiligen Gene kann dabei verschiedene Effekte in der Zelle auslösen. Dies kann mit einem induzierbaren Vektor durchgeführt werden, der ebenfalls über eine lentivirale Transduktion in die Zielzellen eingebracht wird.

5.4 Ausblick

Die Kandidatengene DIP2C, IL15RA, WDR37, SORBS2 und TLR3 geben durch ihre proliferationshemmende Eigenschaft einen ersten Hinweis auf ihre Bedeutung in der Zervixkarzinogenese. In weiteren Versuchen soll die Rolle dieser Gene in der zellulären Signaltransduktion genauer bestimmt werden. Leicht- und schwergradige CIN (CIN1 bis CIN3) müssen auf den Verlust und verminderte Expression dieser Gene und vor allem auf SORBS2 und TLR3 hin untersucht werden. Durch eine Bestätigung des Verlustes von 4q35-qter mittels Fluoreszenz *in-situ* Hybridisierung und der genannten Gene mit qRT-PCR in einzelnen CIN lässt sich vielleicht ein Muster erkennen. Dies kann als Progressionsmarker mit in die Beurteilung der cytologischen Untersuchung einbezogen werden. Das Tumorsuppressorgen p33ING2 befindet sich ebenfalls auf Chrososom 4q35. Bei weiteren Untersuchungen muss p33ING2 und seine Rolle während der Zervixkarzinogenese näher beleuchtet werden.

Die Identifizierung (DIP2C, IL15RA, WDR37) und die genaue Beteiligung (SORBS2, TLR3) an Signaltransduktionswegen wird nicht nur ein genaueres Bild der Zervixkarzinogenese liefern, sondern auch die Signalwege der Zellen besser verstehen lassen. Dies wird nicht nur ein zusätzliches Teil im Puzzle des Zellverständnisses geben, auch die Anwendung auf andere Tumorentitäten wird dann denkbar sein. In Verbindung mit dem Pankreaskarzinom zeigten Untersuchungen von SORBS2 einen positiven Effekt bei der Kontrolle der Zelladhäsion und -migration. Dieser Aspekt wurde in der vorliegenden Arbeit nicht betrachtet, soll aber bei der weiteren Charakterisierung von SORBS2 im Zervixkarzinom mit einbezogen werden. Des Weiteren soll neben der genaueren Analyse der Signalwege von SORBS2 auch dessen Expression im natürlichen Verlauf der Seneszenz betrachtet werden.

In zukünftigen Projekten muss die Rolle einzelner Gene in Tiermodellen näher untersucht werden. Bei der Bestätigung der Tumorsuppressoreigenschaften dieser Gene ließen sich diese für die Therapie des Zervixkarzinoms einsetzen. Hierzu sollen die Verbindungen von SORBS2 und TLR3 zu den Seneszenz-Pathways von pRB und p53 untersucht werden. Die vorliegenden Ergebnisse geben einen ersten Anhaltspunkt zur Beteiligung dieser Gene bei der Seneszenzinduktion. In früheren Arbeiten wurde durch die Fusion mit normalen Keratinozyten [158], Fibroblasten [28] oder Chromosomen [142, 10] von zuvor durch HPV-immortalisierten Keratinozyten der Phänotyp umgekehrt und eine Induktion der Seneszenz beobachtet. Im Weiteren sollen Kotransfektionen der beiden Gene bzw. in Verbindung mit den anderen Kandidatengenen durchgeführt werden. Die Signalwege von p53 und pRB sind zwar in HPV-positiven Zellen inaktiviert, lassen sich aber eventuell durch die ektopische Expression mehrerer Gene umgehen, um so die Zellen wieder für die Induktion der Seneszenz zugänglich zu machen. Dies kann ebenfalls einen Einfluss auf die Immortalität der Zellen haben. Ein induzierbarer lentiviraler Vektor kann hier Vorteile gegenüber dem verwendeten Vektor bieten, auch in Bezug auf die Expression der Gene in Zelllinien.

Literaturverzeichnis

[1] Agilent. *One-Color Microarray-based Gene Expression Analysis (Quick Amp Labeling)*. Agilent Technologies, version 5.7 edition, March 2008. Microarrays manufactured with Agilent SurePrint Technology.

[2] S. Akira and K. Takeda. Toll-like receptor signalling. *Nat Rev Immunol*, 4(7):499–511, Jul 2004.

[3] L. Alexopoulou, A. C. Holt, R. Medzhitov, and R. A. Flavell. Recognition of double-stranded rna and activation of nf-kappab by toll-like receptor 3. *Nature*, 413(6857):732–738, Oct 2001.

[4] J. C. Alwine, D. J. Kemp, B. A. Parker, J. Reiser, J. Renart, G. R. Stark, and G. M. Wahl. Detection of specific rnas or specific fragments of dna by fractionation in gels and transfer to diazobenzyloxymethyl paper. *Methods Enzymol*, 68:220–242, 1979.

[5] R. J. Armitage, B. M. Macduff, J. Eisenman, R. Paxton, and K. H. Grabstein. Il-15 has stimulatory activity for the induction of b cell proliferation and differentiation. *J Immunol*, 154(2):483–490, Jan 1995.

[6] M. Arroyo, S. Bagchi, and P. Raychaudhuri. Association of the human papillomavirus type 16 e7 protein with the s-phase-specific e2f-cyclin a complex. *Mol Cell Biol*, 13(10):6537–6546, Oct 1993.

[7] G. Hossein Ashrafi, Emmanouella Tsirimonaki, Barbara Marchetti, Philippa M O'Brien, Gary J Sibbet, Linda Andrew, and M. Saveria Campo. Down-regulation of mhc class i by bovine papillomavirus e5 oncoproteins. *Oncogene*, 21(2):248–259, Jan 2002.

[8] N. Auersperg. Long-term cultivation of hypodiploid human tumor cells. *J Natl Cancer Inst*, 32:135–163, Jan 1964.

[9] N. Auersperg and A. P. Hawryluk. Chromosome observations on three epithelial-cell cultures derived from carcinomas of the human cervix. *J Natl Cancer Inst*, 28:605–627, Mar 1962.

[10] C. Backsch, B. Rudolph, R. Kuehne-Heid, V. Kalscheuer, O. Bartsch, L. Jansen, K. Beer, B. Meyer, A. Schneider, and M. Duerst. A region on human chromosome 4 (q35.1–>qter) induces senescence in cell hybrids and is involved in cervical carcinogenesis. *Genes Chromosomes Cancer*, 43(3):260–272, Jul 2005.

[11] C. Backsch, B. Rudolph, D. Steinbach, C. Scheungraber, M. Liesenfeld, N. Häfner, M. Hildner, A. Habenicht, I. B. Runnebaum, and M. Dürst. An integrative functional genomic and gene expression approach revealed sorbs2 as a putative tumour suppressor gene involved in cervical carcinogenesis. *Carcinogenesis*, 32(7):1100–1106, Jul 2011.

[12] M. S. Barbosa, D. R. Lowy, and J. T. Schiller. Papillomavirus polypeptides e6 and e7 are zinc-binding proteins. *J Virol*, 63(3):1404–1407, Mar 1989.

[13] J. G. Baseman and L. A. Koutsky. The epidemiology of human papillomavirus infections. *J Clin Virol*, 32 Suppl 1:S16–S24, Mar 2005.

[14] Y. Benjamini and Y. Hochberg. Controlling the false discovery rate: a practical and powerful approach to multiple testing. *Journal of the Royal Statistical Society. Series B (Methodological)*, 57(1):289–300, 1995.

[15] J. R. Bickenbach, V. Vormwald-Dogan, C. Bachor, K. Bleuel, G. Schnapp, and P. Boukamp. Telomerase is not an epidermal stem cell marker and is downregulated by calcium. *J Invest Dermatol*, 111(6):1045–1052, Dec 1998.

[16] System Biosciences. *pCDH cDNA Cloning and Expression Lentivectors*. System Biosciences (SBI), ver. 4-070320 edition, 2007.

[17] L. Bousarghin, A. Touze, P.-Y. Sizaret, and P. Coursaget. Human papillomavirus types 16, 31, and 58 use different endocytosis pathways to enter cells. *J Virol*, 77(6):3846–3850, Mar 2003.

[18] P. Boyle and B. Levin. World cancer report 2008. *International Agency for Research on Cancer*, 2008.

[19] M. Bsibsi, J. J. Bajramovic, M. H. J. Vogt, E. van Duijvenvoorden, A. Baghat, et al. The microtubule regulator stathmin is an endogenous protein agonist for tlr3. *J Immunol*, 184(12):6929–6937, Jun 2010.

[20] V. Budagian, E. Bulanova, R. Paus, and S. Bulfone-Paus. Il-15/il-15 receptor biology: a guided tour through an expanding universe. *Cytokine Growth Factor Rev*, 17(4):259–280, Aug 2006.

[21] M. I. Bukrinsky, S. Haggerty, M. P. Dempsey, N. Sharova, A. Adzhubel, L. Spitz, P. Lewis, D. Goldfarb, M. Emerman, and M. Stevenson. A nuclear localization signal within hiv-1 matrix protein that governs infection of non-dividing cells. *Nature*, 365(6447):666–669, Oct 1993.

[22] J. C. Burns, T. Friedmann, W. Driever, M. Burrascano, and J. K. Yee. Vesicular stomatitis virus g glycoprotein pseudotyped retroviral vectors: concentration to very high titer and efficient gene transfer into mammalian and nonmammalian cells. *Proc Natl Acad Sci U S A*, 90(17):8033–8037, Sep 1993.

[23] E. I. Campos, M. Y. Chin, W. H. Kuo, and G. Li. Biological functions of the ing family tumor suppressors. *Cell Mol Life Sci*, 61(19-20):2597–2613, Oct 2004.

[24] X. Castellsagué and N. Muñoz. Chapter 3: Cofactors in human papillomavirus carcinogenesis-role of parity, oral contraceptives, and tobacco smoking. *J Natl Cancer Inst Monogr*, (31):20–28, 2003.

[25] S. Chellappan, V. B. Kraus, B. Kroger, K. Munger, P. M. Howley, W. C. Phelps, and J. R. Nevins. Adenovirus e1a, simian virus 40 tumor antigen, and human papillomavirus e7 protein share the capacity to disrupt the interaction between transcription factor e2f and the retinoblastoma gene product. *Proc Natl Acad Sci U S A*, 89(10):4549–4553, May 1992.

[26] C. Chen and H. Okayama. High-efficiency transformation of mammalian cells by plasmid dna. *Mol Cell Biol*, 7(8):2745–2752, Aug 1987.

[27] C. A. Chen and H. Okayama. Calcium phosphate-mediated gene transfer: a highly efficient transfection system for stably transforming cells with plasmid dna. *Biotechniques*, 6(7):632–638, 1988.

[28] T. M. Chen, G. Pecoraro, and V. Defendi. Genetic analysis of in vitro progression of human papillomavirus-transfected human cervical cells. *Cancer Res*, 53(5):1167–1171, Mar 1993.

[29] D. Chiron, C. Pellat-Deceunynck, M. Amiot, R. Bataille, and G. Jego. Tlr3 ligand induces nf-kappab activation and various fates of multiple myeloma cells depending on ifn-alpha production. *J Immunol*, 182(7):4471–4478, Apr 2009.

[30] J. E. Cole, T. J. Navin, A. J. Cross, M. E. Goddard, L. Alexopoulou, and et. al. Unexpected protective role for toll-like receptor 3 in the arterial wall. *Proc Natl Acad Sci U S A*, 108(6):2372–2377, Feb 2011.

[31] K. L. Conger, J. S. Liu, S. R. Kuo, L. T. Chow, and T. S. Wang. Human papillomavirus dna replication. interactions between the viral e1 protein and two subunits of human dna polymerase alpha/primase. *J Biol Chem*, 274(5):2696–2705, Jan 1999.

[32] M. Conrad, V. J. Bubb, and R. Schlegel. The human papillomavirus type 6 and 16 e5 proteins are membrane-associated proteins which associate with the 16-kilodalton pore-forming protein. *J Virol*, 67(10):6170–6178, Oct 1993.

[33] M. Conrad, D. Goldstein, T. Andresson, and R. Schlegel. The e5 protein of hpv-6, but not hpv-16, associates efficiently with cellular growth factor receptors. *Virology*, 200(2):796–800, May 1994.

[34] M. J. Conway and C. Meyers. Replication and assembly of human papillomaviruses. *J Dent Res*, 88(4):307–317, Apr 2009.

[35] S. E. Craven and D. S. Bredt. Pdz proteins organize synaptic signaling pathways. *Cell*, 93(4):495–498, May 1998.

[36] K. Crusius, E. Auvinen, B. Steuer, H. Gaissert, and A. Alonso. The human papillomavirus type 16 e5-protein modulates ligand-dependent activation of the egf receptor family in the human epithelial cell line hacat. *Exp Cell Res*, 241(1):76–83, May 1998.

[37] I. I. Daud, M. E. Scott, Y. Ma, S. Shiboski, S. Farhat, and A.-B. Moscicki. Association between toll-like receptor expression and human papillomavirus type 16 persistence. *Int J Cancer*, 128(4):879–886, Feb 2011.

[38] H. E. Davis, M. Rosinski, J. R. Morgan, and M. L. Yarmush. Charged polymers modulate retrovirus transduction via membrane charge neutralization and virus aggregation. *Biophys J*, 86(2):1234–1242, Feb 2004.

[39] P. M. Day, D. R. Lowy, and J. T. Schiller. Papillomaviruses infect cells via a clathrin-dependent pathway. *Virology*, 307(1):1–11, Mar 2003.

[40] E.-M. de Villiers. Taxonomic classification of papillomaviruses. *Papillomavirus Report*, 12:57–63, 2001.

[41] E.-M. de Villiers, C. Fauquet, T. R. Broker, H.-U. Bernard, and H. zur Hausen. Classification of papillomaviruses. *Virology*, 324(1):17–27, Jun 2004.

[42] G. Dell, K. .W Wilkinson, R. Tranter, J. Parish, R. L. Brady, and K. Gaston. Comparison of the structure and dna-binding properties of the e2 proteins from an oncogenic and a non-oncogenic human papillomavirus. *J Mol Biol*, 334(5):979–991, Dec 2003.

[43] E. L. Denchi and T. de Lange. Protection of telomeres through independent control of atm and atr by trf2 and pot1. *Nature*, 448(7157):1068–1071, Aug 2007.

[44] G. P. Dimri, X. Lee, G. Basile, M. Acosta, G. Scott, C. Roskelley, E. E. Medrano, M. Linskens, I. Rubelj, and O. Pereira-Smith. A biomarker that identifies senescent human cells in culture and in aging skin in vivo. *Proc Natl Acad Sci U S A*, 92(20):9363–9367, Sep 1995.

[45] G. L. Disbrow, J. A. Hanover, and R. Schlegel. Endoplasmic reticulum-localized human papillomavirus type 16 e5 protein alters endosomal ph but not trans-golgi ph. *J Virol*, 79(9):5839–5846, May 2005.

[46] J. Doorbar. Molecular biology of human papillomavirus infection and cervical cancer. *Clin Sci (Lond)*, 110(5):525–541, May 2006.

[47] J. Doorbar, S. Ely, J. Sterling, C. McLean, and L. Crawford. Specific interaction between hpv-16 e1-e4 and cytokeratins results in collapse of the epithelial cell intermediate filament network. *Nature*, 352(6338):824–827, Aug 1991.

[48] M. Duerst, R. T. Dzarlieva-Petrusevska, P. Boukamp, N. E. Fusenig, and L. Gissmann. Molecular and cytogenetic analysis of immortalized human primary keratinocytes obtained after transfection with human papillomavirus type 16 dna. *Oncogene*, 1(3):251–256, 1987.

[49] M. Duerst, D. Gallahan, G. Jay, and J. S. Rhim. Glucocorticoid-enhanced neoplastic transformation of human keratinocytes by human papillomavirus type 16 and an activated ras oncogene. *Virology*, 173(2):767–771, Dec 1989.

[50] M. Duerst, D. Glitz, A. Schneider, and H. zur Hausen. Human papillomavirus type 16 (hpv 16) gene expression and dna replication in cervical neoplasia: analysis by in situ hybridization. *Virology*, 189(1):132–140, Jul 1992.

[51] M. Duerst, S. Seagon, S. Wanschura, H. zur Hausen, and J. Bullerdiek. Malignant progression of an hpv16-immortalized human keratinocyte cell line (hpkia) in vitro. *Cancer Genet Cytogenet*, 85(2):105–112, Dec 1995.

[52] T. Dull, R. Zufferey, M. Kelly, R. J. Mandel, M. Nguyen, D. Trono, and L. Naldini. A third-generation lentivirus vector with a conditional packaging system. *J Virol*, 72(11):8463–8471, Nov 1998.

[53] N. Dyson. The regulation of e2f by prb-family proteins. *Genes Dev*, 12(15):2245–2262, Aug 1998.

[54] N. Dyson, P. M. Howley, K. Münger, and E. Harlow. The human papilloma virus-16 e7 oncoprotein is able to bind to the retinoblastoma gene product. *Science*, 243(4893):934–937, Feb 1989.

[55] F. Fehrmann, D. J. Klumpp, and L. A. Laimins. Human papillomavirus type 31 e5 protein supports cell cycle progression and activates late viral functions upon epithelial differentiation. *J Virol*, 77(5):2819–2831, Mar 2003.

[56] J. Ferlay, H.-R. Shin, F. Bray, D. Forman, C. Mathers, and D. M. Parkin. Estimates of worldwide burden of cancer in 2008: Globocan 2008. *Int J Cancer*, Jun 2010.

[57] J. Ferlay, HR Shin, F Bray, D. Forman, C. Mathers, and D. M. Parkin. Globocan 2008, cancer incidence and mortality worldwide: Iarc cancerbase no. 10. *Internet; Lyon, France: International Agency for Research on Cancer*, 2010.

[58] L. Florin, C. Sapp, R. E. Streeck, and M. Sapp. Assembly and translocation of papillomavirus capsid proteins. *J Virol*, 76(19):10009–10014, Oct 2002.

[59] R. S. Freedman, J. M. Bowen, A. Leibovitz, S. Pathak, M. J. Siciliano, H. S. Gallager, and B. C. Giovanella. Characterization of a cell line (sw756) derived from a human squamous carcinoma of the uterine cervix. *In Vitro*, 18(8):719–726, Aug 1982.

[60] F. Friedl, I. Kimura, T. Osato, and Y. Ito. Studies on a new human cell line (siha) derived from carcinoma of uterus. i. its establishment and morphology. *Proc Soc Exp Biol Med*, 135(2):543–545, Nov 1970.

[61] H. Fujita, A. Asahina, H. Mitsui, and K. Tamaki. Langerhans cells exhibit low responsiveness to double-stranded rna. *Biochem Biophys Res Commun*, 319(3):832–839, Jul 2004.

[62] J. O. Funk, S. Waga, J. B. Harry, E. Espling, B. Stillman, and D. A. Galloway. Inhibition of cdk activity and pcna-dependent dna replication by p21 is blocked by interaction with the hpv-16 e7 oncoprotein. *Genes Dev*, 11(16):2090–2100, Aug 1997.

[63] I. Garkavtsev, I. A. Grigorian, V. S. Ossovskaya, M. V. Chernov, P. M. Chumakov, and A. V. Gudkov. The candidate tumour suppressor p33ing1 cooperates with p53 in cell growth control. *Nature*, 391(6664):295–298, Jan 1998.

[64] I. Garkavtsev and K. Riabowol. Extension of the replicative life span of human diploid fibroblasts by inhibition of the p33ing1 candidate tumor suppressor. *Mol Cell Biol*, 17(4):2014–2019, Apr 1997.

[65] J. Gerdes, H. Lemke, H. Baisch, H. H. Wacker, U. Schwab, and H. Stein. Cell cycle analysis of a cell proliferation-associated human nuclear antigen defined by the monoclonal antibody ki-67. *J Immunol*, 133(4):1710–1715, Oct 1984.

[66] G.O. Gey, W.D. Coffman, and M.T. Kubicek. *Cancer Research*, 12:264–265, 1952.

[67] R. S. Gieni, Y. Li, and K. T. HayGlass. Comparison of [3h]thymidine incorporation with mtt- and mts-based bioassays for human and murine il-2 and il-4 analysis. tetrazolium assays provide markedly enhanced sensitivity. *J Immunol Methods*, 187(1):85–93, Nov 1995.

[68] V. Gire, P. Roux, D. Wynford-Thomas, J.-M. Brondello, and V. Dulic. Dna damage checkpoint kinase chk2 triggers replicative senescence. *EMBO J*, 23(13):2554–2563, Jul 2004.

[69] T. Giroglou, L. Florin, F. Schäfer, R. E. Streeck, and M. Sapp. Human papillomavirus infection requires cell surface heparan sulfate. *J Virol*, 75(3):1565–1570, Feb 2001.

[70] F. Goeman, D. Thormeyer, M. Abad, M. Serrano, O. Schmidt, I. Palmero, and A. Baniahmad. Growth inhibition by the tumor suppressor p33ing1 in immortalized and primary cells: involvement of two silencing domains and effect of ras. *Mol Cell Biol*, 25(1):422–431, Jan 2005.

[71] S. L. Gonzalez, M. Stremlau, X. He, J. R. Basile, and K. Münger. Degradation of the retinoblastoma tumor suppressor by the human papillomavirus type 16 e7 oncoprotein is important for functional inactivation and is separable from proteasomal degradation of e7. *J Virol*, 75(16):7583–7591, Aug 2001.

[72] L. González, J. M P Freije, S. Cal, C. López-Otín, M. Serrano, and I. Palmero. A functional link between the tumour suppressors arf and p33ing1. *Oncogene*, 25(37):5173–5179, Aug 2006.

[73] S. Gorina and N. P. Pavletich. Structure of the p53 tumor suppressor bound to the ankyrin and sh3 domains of 53bp2. *Science*, 274(5289):1001–1005, Nov 1996.

[74] K. H. Grabstein, J. Eisenman, K. Shanebeck, C. Rauch, S. Srinivasan, V. Fung, C. Beers, J. Richardson, M. A. Schoenborn, and M. Ahdieh. Cloning of a t cell growth factor that interacts with the beta chain of the interleukin-2 receptor. *Science*, 264(5161):965–968, May 1994.

[75] F. L. Graham, J. Smiley, W. C. Russell, and R. Nairn. Characteristics of a human cell line transformed by dna from human adenovirus type 5. *J Gen Virol*, 36(1):59–74, Jul 1977.

[76] S. R. Grossman and L. A. Laimins. E6 protein of human papillomavirus type 18 binds zinc. *Oncogene*, 4(9):1089–1093, Sep 1989.

[77] D. Hanahan and R. A. Weinberg. The hallmarks of cancer. *Cell*, 100(1):57–70, Jan 2000.

[78] P. Hawley-Nelson, K. H. Vousden, N. L. Hubbert, D. R. Lowy, and J. T. Schiller. Hpv16 e6 and e7 proteins cooperate to immortalize human foreskin keratinocytes. *EMBO J*, 8(12):3905–3910, Dec 1989.

[79] L. HAYFLICK. The limited in vitro lifetime of human diploid cell strains. *Exp Cell Res*, 37:614–636, Mar 1965.

[80] L. Hayflick and P. S. Moorhead. The serial cultivation of human diploid cell strains. *Exp Cell Res*, 25:585–621, Dec 1961.

[81] K. Heselmeyer, M. Macville, E. Schröck, H. Blegen, A. C. Hellström, K. Shah, G. Auer, and T. Ried. Advanced-stage cervical carcinomas are defined by a recurrent pattern of chromosomal aberrations revealing high genetic instability and a consistent gain of chromosome arm 3q. *Genes Chromosomes Cancer*, 19(4):233–240, Aug 1997.

[82] K. Heselmeyer, E. Schröck, S. du Manoir, H. Blegen, K. Shah, R. Steinbeck, G. Auer, and T. Ried. Gain of chromosome 3q defines the transition from severe dysplasia to invasive carcinoma of the uterine cervix. *Proc Natl Acad Sci U S A*, 93(1):479–484, Jan 1996.

[83] K. Heselmeyer-Haddad, K. Sommerfeld, N. M. White, N. Chaudhri, L. E. Morrison, N. Palanisamy, Z. Y. Wang, G. Auer, W. Steinberg, and T. Ried. Genomic amplification of the human telomerase gene (terc) in pap smears predicts the development of cervical cancer. *Am J Pathol*, 166(4):1229–1238, Apr 2005.

[84] P. Hillemanns, C. Thaler, and R. Kimmig. Epidemiology and diagnosis of cervical intraepithelial neoplasia - is the present concept of screening and diagnosis still current? *Gynäkol Geburtshilfliche Rundsch*, 37(4):179–90, 1997.

[85] P. M. Howley. Papillomaviridae: the viruses and their replication. *Fields Virology*, pages 947–978, 1996.

[86] H. Jo and J. W. Kim. Implications of hpv infection in uterine cervical cancer. *Cancer Therapy*, 3:419–434, 2005.

[87] J. G. Joyce, J. S. Tung, C. T. Przysiecki, J. C. Cook, E. D. Lehman, J. A. Sands, K. U. Jansen, and P. M. Keller. The l1 major capsid protein of human papillomavirus type 11 recombinant virus-like particles interacts with heparin and cell-surface glycosaminoglycans on human keratinocytes. *J Biol Chem*, 274(9):5810–5822, Feb 1999.

[88] T. Kafri. Gene delivery by lentivirus vectors an overview. *Methods Mol Biol*, 246:367–390, 2004.

[89] T. Kanda, S. Watanabe, S. Zanma, H. Sato, A. Furuno, and K. Yoshiike. Human papillomavirus type 16 e6 proteins with glycine substitution for cysteine in the metal-binding motif. *Virology*, 185(2):536–543, Dec 1991.

[90] J. Karlseder, D. Broccoli, Y. Dai, S. Hardy, and T. de Lange. p53- and atm-dependent apoptosis induced by telomeres lacking trf2. *Science*, 283(5406):1321–1325, Feb 1999.

[91] E. F. Kenny and L. A. J. O'Neill. Signalling adaptors used by toll-like receptors: an update. *Cytokine*, 43(3):342–349, Sep 2008.

[92] T. D. Kessis, R. J. Slebos, W. G. Nelson, M. B. Kastan, B. S. Plunkett, et al. Human papillomavirus 16 e6 expression disrupts the p53-mediated cellular response to dna damage. *Proc Natl Acad Sci U S A*, 90(9):3988–3992, May 1993.

[93] N. Kioka, K. Ueda, and T. Amachi. Vinexin, cap/ponsin, argbp2: a novel adaptor protein family regulating cytoskeletal organization and signal transduction. *Cell Struct Funct*, 27(1):1–7, Feb 2002.

[94] R. Klaes, A. Benner, T. Friedrich, R. Ridder, S. Herrington, et al. p16ink4a immunohistochemistry improves interobserver agreement in the diagnosis of cervical intraepithelial neoplasia. *Am J Surg Pathol*, 26(11):1389–1399, Nov 2002.

[95] R. Klaes, T. Friedrich, D. Spitkovsky, R. Ridder, W. Rudy, U. Petry, G. Dallenbach-Hellweg, D. Schmidt, and M. von Knebel Doeberitz. Overexpression of p16(ink4a) as a specific marker for dysplastic and neoplastic epithelial cells of the cervix uteri. *Int J Cancer*, 92(2):276–284, Apr 2001.

[96] R. Klaes, S. M. Woerner, R. Ridder, N. Wentzensen, M. Duerst, A. Schneider, B. Lotz, P. Melsheimer, and M. von Knebel Doeberitz. Detection of high-risk cervical intraepithelial neoplasia and cervical cancer by amplification of transcripts derived from integrated papillomavirus oncogenes. *Cancer Res*, 59(24):6132–6136, Dec 1999.

[97] A. J. Klingelhutz, S. A. Foster, and J. K. McDougall. Telomerase activation by the e6 gene product of human papillomavirus type 16. *Nature*, 380(6569):79–82, Mar 1996.

[98] L. J. Ko and C. Prives. p53: puzzle and paradigm. *Genes Dev*, 10(9):1054–1072, May 1996.

[99] L. A. Koutsky, K. K. Holmes, C. W. Critchlow, C. E. Stevens, J. Paavonen, et al. A cohort study of the risk of cervical intraepithelial neoplasia grade 2 or 3 in relation to papillomavirus infection. *N Engl J Med*, 327(18):1272–1278, Oct 1992.

[100] T. Kuilman, C. Michaloglou, W. J. Mooi, and D. S. Peeper. The essence of senescence. *Genes Dev*, 24(22):2463–2479, Nov 2010.

[101] S. Kyo, M. Takakura, T. Taira, T. Kanaya, H. Itoh, M. Yutsudo, H. Ariga, and M. Inoue. Sp1 cooperates with c-myc to activate transcription of the human telomerase reverse transcriptase gene (htert). *Nucleic Acids Res*, 28(3):669–677, Feb 2000.

[102] K. Lappalainen, I. Jääskeläinen, K. Syrjänen, A. Urtti, and S. Syrjänen. Comparison of cell proliferation and toxicity assays using two cationic liposomes. *Pharm Res*, 11(8):1127–1131, Aug 1994.

[103] B. Y. Lee, J. A. Han, J. S. Im, A. Morrone, K. Johung, et al. Senescence-associated betagalactosidase is lysosomal beta-galactosidase. *Aging Cell*, 5(2):187–195, Apr 2006.

[104] D. Li and R. Roberts. Wd-repeat proteins: structure characteristics, biological function, and their involvement in human diseases. *Cell Mol Life Sci*, 58(14):2085–2097, Dec 2001.

[105] J. P. Liu. Studies of the molecular mechanisms in the regulation of telomerase activity. *FASEB J*, 13(15):2091–2104, Dec 1999.

[106] M. S. Longworth and L. A. Laimins. Pathogenesis of human papillomaviruses in differentiating epithelia. *Microbiol Mol Biol Rev*, 68(2):362–372, Jun 2004.

[107] Y.-M. Loo and T. Melendy. Recruitment of replication protein a by the papillomavirus e1 protein and modulation by single-stranded dna. *J Virol*, 78(4):1605–1615, Feb 2004.

[108] V. Lundblad and E. H. Blackburn. An alternative pathway for yeast telomere maintenance rescues est1- senescence. *Cell*, 73(2):347–360, Apr 1993.

[109] B. Marchetti, G. H. Ashrafi, E. Tsirimonaki, P. M. O'Brien, and M. S. Campos. The bovine papillomavirus oncoprotein e5 retains mhc class i molecules in the golgi apparatus and prevents their transport to the cell surface. *Oncogene*, 21(51):7808–7816, Nov 2002.

[110] P. Marks, R. A. Rifkind, V. M. Richon, R. Breslow, T. Miller, and W. K. Kelly. Histone deacetylases and cancer: causes and therapies. *Nat Rev Cancer*, 1(3):194–202, Dec 2001.

[111] P. Massimi, N. Gammoh, M. Thomas, and L. Banks. Hpv e6 specifically targets different cellular pools of its pdz domain-containing tumour suppressor substrates for proteasome-mediated degradation. *Oncogene*, 23(49):8033–8039, Oct 2004.

[112] P. Massimi, A. Shai, P. Lambert, and L. Banks. Hpv e6 degradation of p53 and pdz containing substrates in an e6ap null background. *Oncogene*, 27(12):1800–1804, Mar 2008.

[113] P. J. Masterson, M. A. Stanley, A. P. Lewis, and M. A. Romanos. A c-terminal helicase domain of the human papillomavirus e1 protein binds e2 and the dna polymerase alpha-primase p68 subunit. *J Virol*, 72(9):7407–7419, Sep 1998.

[114] P. Mastromarino, C. Conti, P. Goldoni, B. Hauttecoeur, and N. Orsi. Characterization of membrane components of the erythrocyte involved in vesicular stomatitis virus attachment and fusion at acidic ph. *J Gen Virol*, 68 (Pt 9):2359–2369, Sep 1987.

[115] M. Matsumoto, S. Kikkawa, M. Kohase, K. Miyake, and T. Seya. Establishment of a monoclonal antibody against human toll-like receptor 3 that blocks double-stranded rna-mediated signaling. *Biochem Biophys Res Commun*, 293(5):1364–1369, May 2002.

[116] K. Matthews, C. M. Leong, L. Baxter, E. Inglis, K. Yun, et al. Depletion of langerhans cells in human papillomavirus type 16-infected skin is associated with e6-mediated down regulation of e-cadherin. *J Virol*, 77(15):8378–8385, Aug 2003.

[117] M. C. McIntyre, M. N. Ruesch, and L. A. Laimins. Human papillomavirus e7 oncoproteins bind a single form of cyclin e in a complex with cdk2 and p107. *Virology*, 215(1):73–82, Jan 1996.

[118] C. Mestre-Escorihuela, F. Rubio-Moscardo, J. A. Richter, R. Siebert, J. Climent, et al. Homozygous deletions localize novel tumor suppressor genes in b-cell lymphomas. *Blood*, 109(1):271–280, Jan 2007.

[119] L. S. Miller and R. L. Modlin. Human keratinocyte toll-like receptors promote distinct immune responses. *J Invest Dermatol*, 127(2):262–263, Feb 2007.

[120] L. S. Miller and R. L. Modlin. Toll-like receptors in the skin. *Semin Immunopathol*, 29(1):15–26, Apr 2007.

[121] Y. Modis, B. L. Trus, and S. C. Harrison. Atomic model of the papillomavirus capsid. *EMBO J*, 21(18):4754–4762, Sep 2002.

[122] I. J. Mohr, R. Clark, S. Sun, E. J. Androphy, P. MacPherson, and M. R. Botchan. Targeting the e1 replication protein to the papillomavirus origin of replication by complex formation with the e2 transactivator. *Science*, 250(4988):1694–1699, Dec 1990.

[123] V. Moreno, F. X. Bosch, N. Muñoz, C. J. L. M. Meijer, K. V. Shah, et al. Effect of oral contraceptives on risk of cervical cancer in women with human papillomavirus infection: the iarc multicentric case-control study. *Lancet*, 359(9312):1085–1092, Mar 2002.

[124] T. Mosmann. Rapid colorimetric assay for cellular growth and survival: application to proliferation and cytotoxicity assays. *J Immunol Methods*, 65(1-2):55–63, Dec 1983.

[125] K. Muenger and P. M. Howley. Human papillomavirus immortalization and transformation functions. *Virus Res*, 89(2):213–228, Nov 2002.

[126] M. Mukhopadhyay, P. Pelka, D. DeSousa, B. Kablar, A. Schindler, M. A. Rudnicki, and A. R. Campos. Cloning, genomic organization and expression pattern of a novel drosophila gene, the disco-interacting protein 2 (dip2), and its murine homolog. *Gene*, 293(1-2):59–65, Jun 2002.

[127] N. Munoz, X. Castellsague, A. Berrington de Gonzalez, and L. Gissmann. Chapter 1: Hpv in the etiology of human cancer. *Vaccine*, 24 Suppl 3:S3/1–S310, Aug 2006.

[128] A. Muntoni and R. R. Reddel. The first molecular details of alt in human tumor cells. *Hum Mol Genet*, 14 Spec No. 2:R191–R196, Oct 2005.

[129] N. Murphy, M. Ring, C. C B B Heffron, B. King, A. G. Killalea, C. Hughes, C. M. Martin, E. McGuinness, O. Sheils, and J. J. O'Leary. p16ink4a, cdc6, and mcm5: predictive biomarkers in cervical preinvasive neoplasia and cervical cancer. *J Clin Pathol*, 58(5):525–534, May 2005.

[130] M. Nagashima, M. Shiseki, K. Miura, K. Hagiwara, S. P. Linke, R. Pedeux, X. W. Wang, J. Yokota, K. Riabowol, and C. C. Harris. Dna damage-inducible gene p33ing2 negatively regulates cell proliferation through acetylation of p53. *Proc Natl Acad Sci U S A*, 98(17):9671–9676, Aug 2001.

[131] M. Narisawa-Saito and T. Kiyono. Basic mechanisms of high-risk human papillomavirus-induced carcinogenesis: roles of e6 and e7 proteins. *Cancer Sci*, 98(10):1505–1511, Oct 2007.

[132] M. A. Nobbenhuis, T. J. Helmerhorst, A. J. van den Brule, L. Rozendaal, F. J. Voorhorst, et al. Cytological regression and clearance of high-risk human papillomavirus in women with an abnormal cervical smear. *Lancet*, 358(9295):1782–1783, Nov 2001.

[133] S. T. Oh, S. Kyo, and L. A. Laimins. Telomerase activation by human papillomavirus type 16 e6 protein: induction of human telomerase reverse transcriptase expression through myc and gc-rich sp1 binding sites. *J Virol*, 75(12):5559–5566, Jun 2001.

[134] A. G. Ostör. Natural history of cervical intraepithelial neoplasia: a critical review. *Int J Gynecol Pathol*, 12(2):186–192, Apr 1993.

[135] D. Max Parkin, Freddie Bray, J. Ferlay, and Paola Pisani. Global cancer statistics, 2002. *CA Cancer J Clin*, 55(2):74–108, 2005.

[136] N. A. Patterson, J. L. Smith, and M. A. Ozbun. Human papillomavirus type 31b infection of human keratinocytes does not require heparan sulfate. *J Virol*, 79(11):6838–6847, Jun 2005.

[137] R. A. Pattillo, R. O. Hussa, M. T. Story, A. C. Ruckert, M. R. Shalaby, and R. F. Mattingly. Tumor antigen and human chorionic gonadotropin in caski cells: a new epidermoid cervical cancer cell line. *Science*, 196(4297):1456–1458, Jun 1977.

[138] W. S. Pear, G. P. Nolan, M. L. Scott, and D. Baltimore. Production of high-titer helper-free retroviruses by transient transfection. *Proc Natl Acad Sci U S A*, 90(18):8392–8396, Sep 1993.

[139] R. Pedeux, S. Sengupta, J. C. Shen, O. N. Demidov, S. Saito, et al. Ing2 regulates the onset of replicative senescence by induction of p300-dependent p53 acetylation. *Mol Cell Biol*, 25(15):6639–6648, Aug 2005.

[140] A. Pession, L. Lo Nigro, L. Montemurro, S. Serravalle, R. Fazzina, G. Izzi, G. Nucifora, R. Slany, and R. Tonelli. Argbp2, encoding a negative regulator of abl, is fused to mll in a case of infant m5 acute myeloid leukemia involving 4q35 and 11q23. *Leukemia*, 20(7):1310–1313, Jul 2006.

[141] M. W. Pfaffl, G. W. Horgan, and L. Dempfle. Relative expression software tool (rest) for groupwise comparison and statistical analysis of relative expression results in real-time pcr. *Nucleic Acids Res*, 30(9):e36, May 2002.

[142] M. Poignee, C. Backsch, K. Beer, L. Jansen, N. Wagenbach, E. J. Stanbridge, R. Kirchmayr, A. Schneider, and M. Duerst. Evidence for a putative senescence gene locus within the chromosomal region 10p14-p15. *Cancer Res*, 61(19):7118–7121, Oct 2001.

[143] T. Porstmann, T. Ternynck, and S. Avrameas. Quantitation of 5-bromo-2-deoxyuridine incorporation into dna: an enzyme immunoassay for the assessment of the lymphoid cell proliferative response. *J Immunol Methods*, 82(1):169–179, Sep 1985.

[144] T. T. Puck, P. I. Marcus, and S. J. Cieciura. Clonal growth of mammalian cells in vitro; growth characteristics of colonies from single hela cells with and without a feeder layer. *J Exp Med*, 103(2):273–283, Feb 1956.

[145] T. Ravasi, H. Suzuki, C. V. Cannistraci, S. Katayama, V. B. Bajic, et al. An atlas of combinatorial transcriptional regulation in mouse and man. *Cell*, 140(5):744–752, Mar 2010.

[146] R. R. Reddel. Senescence: an antiviral defense that is tumor suppressive? *Carcinogenesis*, 31(1):19–26, Jan 2010.

[147] W. P. Roos and B. Kaina. Dna damage-induced cell death by apoptosis. *Trends Mol Med*, 12(9):440–450, Sep 2006.

[148] J.-F. Rual, K. Venkatesan, T. Hao, T. Hirozane-Kishikawa, A. Dricot, et al. Towards a proteome-scale map of the human protein-protein interaction network. *Nature*, 437(7062):1173–1178, Oct 2005.

[149] R. Rückert, K. Asadullah, M. Seifert, V. M. Budagian, R. Arnold, C. Trombotto, R. Paus, and S. Bulfone-Paus. Inhibition of keratinocyte apoptosis by il-15: a new parameter in the pathogenesis of psoriasis? *J Immunol*, 165(4):2240–2250, Aug 2000.

[150] B. Salaun, I. Coste, M.-C. Rissoan, S. J. Lebecque, and T. Renno. Tlr3 can directly trigger apoptosis in human cancer cells. *J Immunol*, 176(8):4894–4901, Apr 2006.

[151] B. Salaun, S. Lebecque, S. Matikainen, D. Rimoldi, and P. Romero. Toll-like receptor 3 expressed by melanoma cells as a target for therapy? *Clin Cancer Res*, 13(15 Pt 1):4565–4574, Aug 2007.

[152] C. Sautès-Fridman, J. Cherfils-Vicini, D. Damotte, S. Fisson, W. H. Fridman, I. Cremer, and M.-C. Dieu-Nosjean. Tumor microenvironment is multifaceted. *Cancer Metastasis Rev*, 30(1):13–25, Mar 2011.

[153] M. Scheffner, B. A. Werness, J. M. Huibregtse, A. J. Levine, and P. M. Howley. The e6 oncoprotein encoded by human papillomavirus types 16 and 18 promotes the degradation of p53. *Cell*, 63(6):1129–1136, Dec 1990.

[154] M. H. Schiffman and L. A. Brinton. The epidemiology of cervical carcinogenesis. *Cancer*, 76(10 Suppl):1888–1901, Nov 1995.

[155] K. S. Schluns, T. Stoklasek, and L. Lefrançois. The roles of interleukin-15 receptor alpha: trans-presentation, receptor component, or both? *Int J Biochem Cell Biol*, 37(8):1567–1571, Aug 2005.

[156] A Schneider, M Duerst, S Klug, I Jochmus, and L Gissmann. Epidemiologie, Ätiologie und prävention des zervixkarzinoms. *Der Onkologe*, 7:814–826, 2001.

[157] A. Schroeder, O. Mueller, S. Stocker, R. Salowsky, M. Leiber, et al. The rin: an rna integrity number for assigning integrity values to rna measurements. *BMC Mol Biol*, 7:3, 2006.

[158] S. Seagon and M. Duerst. Genetic analysis of an in vitro model system for human papillomavirus type 16-associated tumorigenesis. *Cancer Res*, 54(21):5593–5598, Nov 1994.

[159] M. Serrano. The tumor suppressor protein p16ink4a. *Exp Cell Res*, 237(1):7–13, Nov 1997.

[160] M. Serrano, A. W. Lin, M. E. McCurrach, D. Beach, and S. W. Lowe. Oncogenic ras provokes premature cell senescence associated with accumulation of p53 and p16ink4a. *Cell*, 88(5):593–602, Mar 1997.

[161] J. Severino, R. G. Allen, S. Balin, A. Balin, and V. J. Cristofalo. Is beta-galactosidase staining a marker of senescence in vitro and in vivo? *Exp Cell Res*, 257(1):162–171, May 2000.

[162] J. L. Smith, S. K. Campos, and M. A. Ozbun. Human papillomavirus type 31 uses a caveolin 1- and dynamin 2-mediated entry pathway for infection of human keratinocytes. *J Virol*, 81(18):9922–9931, Sep 2007.

[163] S. Solinas-Toldo, M. Duerst, and P. Lichter. Specific chromosomal imbalances in human papillomavirus-transfected cells during progression toward immortality. *Proc Natl Acad Sci U S A*, 94(8):3854–3859, Apr 1997.

[164] P. Soubeyran, A. Barac, I. Szymkiewicz, and I. Dikic. Cbl-argbp2 complex mediates ubiquitination and degradation of c-abl. *Biochem J*, 370(Pt 1):29–34, Feb 2003.

[165] R. D. M. Steenbergen, J. de Wilde, S. M. Wilting, A. A. T. P. Brink, P. J. F. Snijders, and C. J. L. M. Meijer. Hpv-mediated transformation of the anogenital tract. *J Clin Virol*, 32 Suppl 1:S25–S33, Mar 2005.

[166] D. Taieb, J. Roignot, F. Andre, S. Garcia, B. Masson, et al. Argbp2-dependent signaling regulates pancreatic cell migration, adhesion, and tumorigenicity. *Cancer Res*, 68(12):4588–4596, Jun 2008.

[167] M. Thomas, N. Narayan, D. Pim, V. Tomaić, P. Massimi, K. Nagasaka, C. Kranjec, N. Gammoh, and L. Banks. Human papillomaviruses, cervical cancer and cell polarity. *Oncogene*, 27(55):7018–7030, Nov 2008.

[168] D. A. Thompson, G. Belinsky, T. H. Chang, D. L. Jones, R. Schlegel, and K. Münger. The human papillomavirus-16 e6 oncoprotein decreases the vigilance of mitotic checkpoints. *Oncogene*, 15(25):3025–3035, Dec 1997.

[169] K. Toyoshima and P. K. Vogt. Enhancement and inhibition of avian sarcoma viruses by polycations and polyanions. *Virology*, 38(3):414–426, Jul 1969.

[170] J. Vandesompele, K. De Preter, F. Pattyn, B. Poppe, N. Van Roy, et al. Accurate normalization of real-time quantitative rt-pcr data by geometric averaging of multiple internal control genes. *Genome Biol*, 3(7):RESEARCH0034, Jun 2002.

[171] S. Vinokurova, N. Wentzensen, I. Kraus, R. Klaes, C. Driesch, et al. Type-dependent integration frequency of human papillomavirus genomes in cervical lesions. *Cancer Res*, 68(1):307–313, Jan 2008.

[172] B. Vogelstein and K. W. Kinzler. The multistep nature of cancer. *Trends Genet*, 9(4):138–141, Apr 1993.

[173] T. A. Waldmann. Il-15 in the life and death of lymphocytes: immunotherapeutic implications. *Trends Mol Med*, 9(12):517–521, Dec 2003.

[174] B. Wang, E. A. Golemis, and G. D. Kruh. Argbp2, a multiple src homology 3 domain-containing, arg/abl-interacting protein, is phosphorylated in v-abl-transformed cells and localized in stress fibers and cardiocyte z-disks. *J Biol Chem*, 272(28):17542–17550, Jul 1997.

[175] B. A. Werness, A. J. Levine, and P. M. Howley. Association of human papillomavirus types 16 and 18 e6 proteins with p53. *Science*, 248(4951):76–79, Apr 1990.

[176] V. G. Wilson, M. West, K. Woytek, and D. Rangasamy. Papillomavirus e1 proteins: form, function, and features. *Virus Genes*, 24(3):275–290, Jun 2002.

[177] C. B. J. Woodman, S. I. Collins, and L. S. Young. The natural history of cervical hpv infection: unresolved issues. *Nat Rev Cancer*, 7(1):11–22, Jan 2007.

[178] Q. Yan and N. Wajapeyee. Exploiting cellular senescence to treat cancer and circumvent drug resistance. *Cancer Biol Ther*, 9(3):166–175, Feb 2010.

[179] L. Yang, H. A. Chansky, and D. D. Hickstein. Ews.fli-1 fusion protein interacts with hyperphosphorylated rna polymerase ii and interferes with serine-arginine protein-mediated rna splicing. *J Biol Chem*, 275(48):37612–37618, Dec 2000.

[180] S. Yano, M. Komine, M. Fujimoto, H. Okochi, and K. Tamaki. Interleukin 15 induces the signals of epidermal proliferation through erk and pi 3-kinase in a human epidermal keratinocyte cell line, hacat. *Biochem Biophys Res Commun*, 301(4):841–847, Feb 2003.

[181] C. S. Yoon, K. D. Kim, S. N. Park, and S. W. Cheong. alpha(6) integrin is the main receptor of human papillomavirus type 16 vlp. *Biochem Biophys Res Commun*, 283(3):668–673, May 2001.

[182] J. You, J. L. Croyle, A. Nishimura, K. Ozato, and P. M. Howley. Interaction of the bovine papillomavirus e2 protein with brd4 tethers the viral dna to host mitotic chromosomes. *Cell*, 117(3):349–360, Apr 2004.

[183] K. Zerfass-Thome, W. Zwerschke, B. Mannhardt, R. Tindle, J. W. Botz, and P. Jansen-Dürr. Inactivation of the cdk inhibitor p27kip1 by the human papillomavirus type 16 e7 oncoprotein. *Oncogene*, 13(11):2323–2330, Dec 1996.

[184] H. zur Hausen. Papillomaviruses and cancer: from basic studies to clinical application. *Nat Rev Cancer*, 2(5):342–350, May 2002.

Kapitel 6

Oligonucleotidübersicht

Tabelle 6.1: Verwendete Primer für die real-time PCR; T_A = Annealing-Temperatur

Gen	F/R	Primer	T_A
ABI3	F	GCATCCCAGTTCTAAGGCTGC	60°C
	R	CACTTTGTGGGTACTGAGGAAATG	
CYP4V2	F	TTGTTTTTAGTGACCCTACATGACAT	58°C
	R	ATATGAGTAACAATAATTCTGGAGCTGA	
DIP2C	F	GTCGTTTGCCGCCTGTG	60°C
	R	GGGCCAATTCAATTTAGAAGTGC	
FBXO18	F	AGCTGCCCATCACCTATAGCA	60°C
	R	GCTGTCAGGAACGCCAGG	
GATA3	F	GGGTTTCTTGTTTCTTTTCCATTTT	60°C
	R	TGCACGCTGGTAGCTCATACA	
IL15RA	F	CCAAAGCTCTCTGTCAATTACAAGG	60°C
	R	GGGCTCAGCATCTCTCCCA	
IRF1	F	TGTACACTAACATTTCCCCCGAG	58°C
	R	AGGCGCTCACACTTCCCT	
NLRC4	F	TTTTAGGTGCATTTTTTGGAAAGA	60°C
	R	AAAAACACTAATTGCTTAAGATTCTCAAATAC	
PFKFB3	F	GAGCCTAAACAATAGAAAGCTGTAGAGA	60°C
	R	AATTCAGACAAATACACAGAACACAGAGA	
PRKCQ	F	GAAACGGCCCCATTGC	58°C
	R	AATTCCCATAAAAACCTATCCAGG	
SORBS2	F	TGATAAATGAATAATTCTCTTTGATGCC	60°C
	R	AATTACCTGGAAGCCAGGTATGAA	
TLR3	F	GATTCAAGGTACATCATGCAGT	54°C
	R	GAAAGGCACCTATCCGTTC	
TNFSF14	F	GTCAGGAGTTCGAGACCAGCC	60°C
	R	GGTTTAAGCAAAATTATCCTGCCTC	
WDR37	F	AAACAGTGTTTGGAAGTGGGAAC	58°C
	R	TGCCCAACAGCATGGCT	

GAPDH 3'	F	GCGACACCCACTCCTCCACC	60°C
	R	GAGGTCCACCACCCTGTTGC	
HPRT	F	ACGAAGTGTTGGATATAAGC	52°C
	R	ATAATTTTACTGGCGATGTC	
β-Actin	F	GGACTTCGAGCAAGAGATGG	57°C
	R	GAGTGATCTCCTTCTGCATC	

Tabelle 6.2: Sequenzierprimer für die cDNA-Klone und die daraus amplifizierten ORFs; die Annealing-Temperaturen der Primer liegen zwischen 58°C und 60°C

Gen	F/R	Primer
ABI3	F	AACCAATCAAGGGCAGGGT
	R	GCTTGGGGCTCATGAAACC
CYP4V2	F1	CACTTTCCCGGAGTGCACC
	F2	GTCCGTGCAGTTTATAGAATGAGTG
	R	TAAAGACCTTTCTCATGATAAAGGCA
DIP2C	F1	AGACCTCCGCCTGCGAAC
	F2	GGCTCAGACCCACATAGAAAATC
	F3	CTTGCTTGGAAGCTGTGGAGTTA
	F4	GAGGCCCACGGATGACAGTA
	F5	AACAAAACAGCTTTTTCTGGAGG
	F6	CCCAGACACTCTTGCATATCTCG
	F7	AAACAAAAGGACCGCTGGG
FBXO18	F1	CAGTAGGGTTTTACAGGTGGGG
	F2	CCAGGAAGCACTGAGCCAC
	F3	CCATCCAACTTACACATGAACAAC
	F4	GACCCGCACCAGCAGATCTAT
	F5	CAGAGTTGAGTCATTTTCTGAGGAT
IL15RA	F	AGGCTCCTTCACTCCGGAC
NLRC4	F1	ATATTTTCTATTGTGTTATAGAAAGGTGGG
	F2	CCTGGATATACCTGGCACAATCA
	F3	AGACTCAGCAGTTTATTGACGTCTCA
	F4	CACAAGCCTCAGGCTGCA
	F5	AGATACAGAGATTAGAATTTTAGGTGCATT
PFKFB3	F	GCCAGCGTCGGGATCTC
	R	CAAGCTAAGCTGCAGAAATGGA
SORBS2	F1	AGAGCCAGATAACAGTGAATGGAA
	F2	GTCATCAATTCTTCAGCATGAAAGA
	F3	AGAGTGGGCATCTTCCCGAT
TLR3	F1	TTCCCTGATGAAATGTCTGGAT
	F2	AAGAGTTTTCTCCAGGGTGTTTTC
	F3	GTACTTGACCTGGGCCTTAATGA
	F4	CCTGAGCTGTCAAGCCACTACC
TNFSF14	F	CCAGGCGTGTCAGCCC
	R	CGTGTCAGACCCATGTCCAA
WDR37	F	GCTGCTGTGACAGCTTATTGC
	R	CCATCAAAGGTCTGTGCTGG
pCDH	F	GTCAGATCGCCTGGAGACG
	R	GCGCTCTGCCCACTGAC

Tabelle 6.3: Verwendete Primer mit Restriktionsschnittstellen für die Long Expand Template PCR und die spätere Klonierung in den Vektor pCDH

Gen	F/R	Primer	RSS	T_A Zyklen 1-10
ABI3	F	TTTTGCTAGC_ATGGCGGAGCTACAGCAGCTG	NheI	64°C
	R	TTTTGCGGCCGC_TCAGCAGCTGGGCTCCACATA	NotI	63°C
CYP4V2	F	GCGCGCGGATCC_ATGGCGGGGCTCTGGC	BamHI	62°C
	R	GCGCGCGCGGCCGC_TTAGCGTTCATCTGCATTTCTCCTC	NotI	62°C
DIP2C	F	TTTTTTCGAA_ATGGCGGACCGCAGCCTG	BstBI	66°C
	R	TTTTGCGGCCGC_CTACATGTTGTAGGCCACATAGATGGGG	NotI	65°C
FBXO18	F	TTTTGCTAGC_ATGAGACGGTTTAAGCGGAAG	NheI	57°C
	R	TTTTGCGGCCGC_TCAGAAGACGAGGAAGAGCAG	NotI	56°C
IL15RA	F	GCGCGCGGATCC_ATGTCCGTGGAACACG	BamHI	59°C
	R	GCGCGCGCGGCCGC_TCATAGGTGGTGAGAGCA	NotI	59°C
p33ING1	F	TTTTGCTAGC_ATGTTGAGTCCTGCCAACGG	NheI	60°C
	R	TTTTGCGGCCGC_CTACCTGTTGTAAGCCCTCTCTTTTTT	NotI	60°C
p33ING2	F	TTTTGCTAGC_ATGTTAGGGCAGCAGCAGCA	NheI	61°C
	R	TTTTGCGGCCGC_CTACCTCGATCTTCTATCCTTTTTTGTCT	NotI	60°C
NLRC4	F	GCGCGCGGATCC_ATGAATTTCATAAAGGACAA	BamHI	53°C
	R	GCGCGCGCGGCCGC_TTAAGCAGTTACTAGTTTAAA	NotI	52°C
PFKFB3	F	GCGCGCGGATCC_ATGCCGTTGGAACTGAC	BamHI	60°C
	R	GCGCGCGCGGCCGC_TCAGTGTTTCCTGGAGGA	NotI	60°C
SORBS2	F	GCGCGCGCTAGC_ATGAGTTACTATCAGAGGCCGT	NheI	63°C
	R	GCGCGCGCGGCCGC_TCACAGCCTCTTGACGTAG	NotI	61°C
TLR3	F	TTTTGCTAGC_ATGAGACAGACTTTGCCTTGTATCT	NheI	56°C
	R	TTTTGCGGCCGC_TTAATGTACAGAGTTTTTGGATCCA	NotI	56°C
TNFSF14	F	GCGCGCGGATCC_ATGGAGGAGAGTGTCGT	BamHI	59°C
	R	GCGCGCGCGGCCGC_TCACACCATGAAAGCCC	NotI	59°C
WDR37	F	TTTTGCTAGC_ATGCCCACAGAAAGCGCAAG	NheI	62°C
	R	TTTTGCGGCCGC_TTATTTTTCTTGTAGCAATGCAGGGAT	NotI	61°C

Tabelle 6.4: PCR-Bedingungen für die Expand Long Template PCR der verschiedenen Gene

Gen	Länge	Elongations-Zeit	T_A
ABI3	1101 bp	2 min	60°C
CYP4V2	1578 bp	2 min	55°C
DIP2C	4671 bp	4 min	60°C
FBXO18	3131 bp	4 min	53°C
IL15RA	695 bp	2 min	55°C
NLRC4	3074 bp	4 min	50°C
PFKFB3	1562 bp	2 min	55°C
SORBS2-1	1863 bp	4 min	60°C
SORBS2-2	3303 bp	4 min	60°C
TLR3	2715 bp	4 min	53°C
TNFSF14	723 bp	2 min	55°C
WDR37	1485 bp	2 min	60°C
p33ING1	840 bp	2 min	57°C
p33ING2	834 bp	2 min	57°C

Kapitel 7

Plasmidübersicht

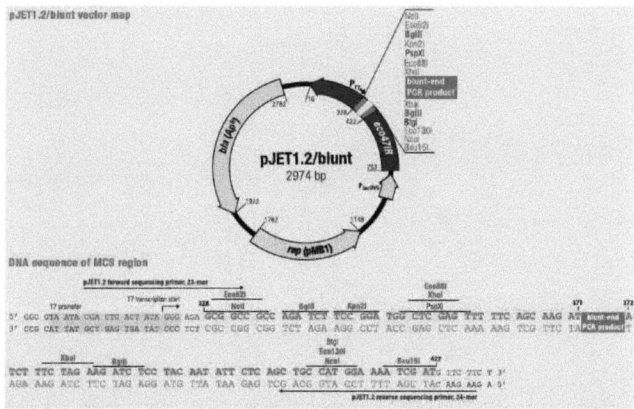

Abbildung 7.1: Vektorkarte von pJET1.2/blunt (Klonierungsvektor zur Sequenzierung) (Fermentas)

4. pCDH-CMV-MCS-EF1-Puro (CD510B-1)

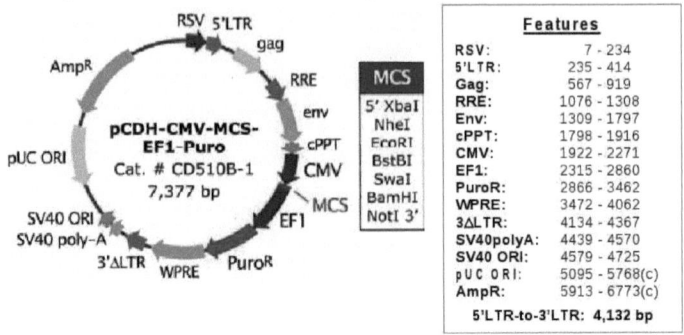

Abbildung 7.2: Vektorkarte von pCDH (lentiviraler Vektor) [16]

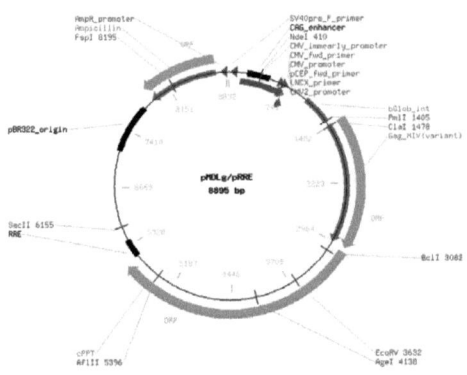

Abbildung 7.3: Vektorkarte von pMDLg/pRRE (Verpackungsplasmid mit HIV-1 gag/pol Genen) (http://www.addgene.org/12251/)

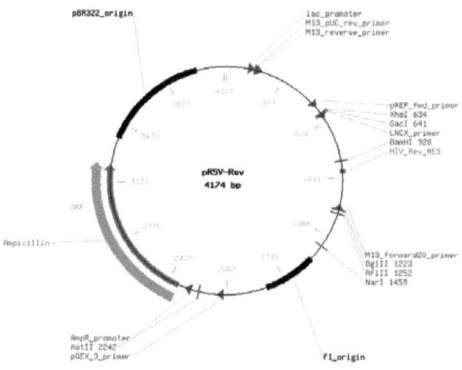

Abbildung 7.4: Vektorkarte von pRSV-Rev (Verpackungsplasmid mit Rev Gen) (http://www.addgene.org/12253/)

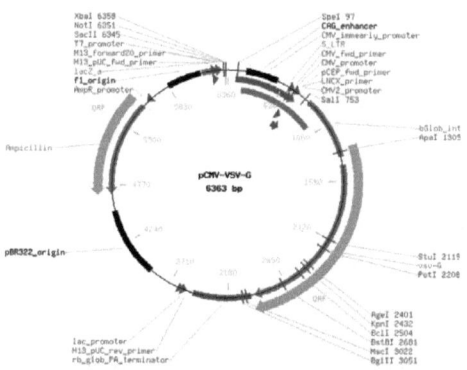

Abbildung 7.5: Vektorkarte von pCMV-VSV-G (Verpackungsplasmid mit VSV-G Gen zur Pseudotypisierung) (http://www.addgene.org/8454/)

Tabelle 7.1: Verwendete ImaGenes Volllängen cDNA-Klone und weitere Plasmide

Klon-Name	Gen	Vektor	Resistenz
HU3_p983G08344D	TNFSF14	pBluescriptR	Ampicillin
IRATp970H0244D	NLRC4	pCMV-SPORT6	Ampicillin
IRAUp969D0963D	SORBS2-2	pOTB7	Chloramphenicol
IRATp970E1259D	PFKFB3	pBluescriptR	Ampicillin
IRAKp961B19133Q	CYP4V2	pBluescriptR	Ampicillin
IRAUp969H10107D	IL15RA	pDNR-LIB	Chloramphenicol
IRAKp961K09133Q	DIP2C	pBluescriptR	Ampicillin
IRAMp995O012Q	TLR3	pCR-BluntII-TOPO	Kanamycin
IRATp970B08111D	FBXO18	pCMV-SPORT6	Ampicillin
DKFZp434F2427Q	WDR37	pSPORT1	Ampicillin
DKFZp566N2024Q	ABI3	pAMP1	Ampicillin
pBK-CMV-SORBS2	SORBS2-1	pBK-CMV	Kanamycin
pLPCX-ING1	p33ING1	pLPCX	Ampicillin
pLPCX-ING2	p33ING2	pLPCX	Ampicillin

Kapitel 8

Abkürzungsverzeichnis

ACS	accelerated cellular senescence; beschleunigte zelluläre Seneszenz
AS	Aminosäuren
BPV	bovine Papillomaviren
Brd4	bromodomain-containing Protein
BSA	bovine serum albimune
CDS	coding sequence; kodierende Sequenz
CGH	Comparative Genomic Hybridisation; vergleichende genomische Hybridisierung
CIN	zervikale intraepitheliale Neoplasie
CxCa	Zervixkarzinom
DEPC	Diethylpyrocarbonat
DMSO	Dimethylsulfoxid
DNA	Desoxyribonukleinsäure
DTT	Dithiotreitol
E. coli	Escherichia coli
E1-7	early genes; frühe Gene des HPV-Genoms
EGF	epidermal growth factor; epidermaler Wachstumsfaktor
GAPDH	Glycerinaldehyd-3-phosphat-dehydrogenase
h	Stunde
HE	Hämatoxilin-Eosin
HKG	House-keeping Gene; nicht-regulierte Gene
HKGS	human keratinocyte growth supplement; Zusatz für das Medium zur Kultivierung von Keratinozyten
HLA	humanes Leukozytenantigen
HPK	humane Papillomavirus immortalisierte Keratinozyten
HPRT	Hypoxanthin-Guanin Phosphoribosyl-Transferase
HPV	Humane Papillomaviren
HR-HPV	high risk; hoch risiko HPV-Typen
L1, L2	late genes; späte Gene des HPV-Genoms; Capsid-Proteine von HPV

LCR	long control region; enspricht nicht codierendem Bereich im HPV-Genom (siehe URR)
LOH	loss of heterozygosity; Allelverlust
MCS	multiple cloning site; Klonierungsstelle mit verschiedenen Restriktionsenzymen
MMCT	microcell-mediated chromosome transfer; Mikrozell-vermittelter Chromosomentransfer
MOPS	Morpholinopropansulfonsäure
MTT	Methyl Thiazolyl Tetrazolium
OIS	oncogene induced senescence; Onkogen-induzierte Seneszenz
ORF	open reading frame; offener Leserahmen
OT	Objektträger
PBS	Phosphate buffered saline
PCR	polymerase chain reaction; Polymerasekettenreaktion
PDGF	platelet derived growth factor; Wachstumsfaktor
PLG	Phase Lock Gel
PML-Kernkörper	Promyelozytische Leukämie Kernkörper
pRB	Retinoblastom-Protein
PVDF	Polyvinylidenfluorid
REST	relative expression software toll; Software zur Analyse von real-time PCR Daten
RIN	RNA integrity number; Ausdruck für die Qualität der RNA
RNA	Ribonucleinsäure
RPA	replication protein A
RS	replicative senescence; replikative Seneszenz
SDS-PAGE	SDS-Polyacrylamid-Gelelektrophorese
sec	Sekunden
T	Temperatur
TICAM/TRIF	TIR-containing adaptor protein; Adapterprotein von TLR3
TRAF	tumor necrosis factor receptor (TNFR)-associated factor; in Signalkaskade von TLR3 involviert
Tris	Tris-Hydroxymethylaminomethan
TSG	Tumorsuppressorgen
U	Unit
URR	upstream regulatory region; nicht codierender Bereich im HPV-Genom
YAC	yeast artificial chromosome; Hefechromosom
ZL	Zelllinien

i want morebooks!

Buy your books fast and straightforward online - at one of world's fastest growing online book stores! Environmentally sound due to Print-on-Demand technologies.

Buy your books online at

www.get-morebooks.com

Kaufen Sie Ihre Bücher schnell und unkompliziert online – auf einer der am schnellsten wachsenden Buchhandelsplattformen weltweit! Dank Print-On-Demand umwelt- und ressourcenschonend produziert.

Bücher schneller online kaufen

www.morebooks.de

 VDM Verlagsservicegesellschaft mbH
Heinrich-Böcking-Str. 6-8   Telefon: +49 681 3720 174   info@vdm-vsg.de
D - 66121 Saarbrücken   Telefax: +49 681 3720 1749   www.vdm-vsg.de

Printed by Books on Demand GmbH, Norderstedt / Germany